は じ め に

「算数は、計算はできるけれど、文章題は苦手……」
「『ぶんしょうだい』と聞くと、『むずかしい』」
と、そんな声を聞くことがあります。

たしかに、文章題を解くときには、
・文章をていねいに読む
・必要な数、求める数が何か理解する
・式を作り、解く
・解答にあわせて数詞を入れて答えをかく
と、解いていきます。

しかし、文章題は「基本の型」が分かれば、決して難しいものではありません。しかも、文章題の「基本の型」はシンプルでやさしいものです。

基本の型が分かると、同じようにして解くことができるので、自分の力で解ける。つまり、文章題がらくらく解けるようになります。

本書は、基本の型を知り文章題が楽々解ける構成にしました。
●最初に、文章題の「☆基本の型」が分かる
●2ページ完成。☆が分かれば、他の問題も自分で解ける
●なぞり文字で、つまずきやすいポイントをサポート

お子様が、無理なく取り組め、学力がつく。
そんなドリルを目指しました。

本書がお子様の学力育成の一助になれば幸いです。

陰山英男・三木俊一

文章題に取り組むときは

①問題文を何回も読んで覚えること
②立式に必要な数量を見分けること
③何を問うているかが分かることが大事です。
②は、必要な数量に――を、③は、問うている文に〜〜〜を引きます。
さらに、図や表で表すと考え方が深まります。「分数のわり算」
「倍と割合」「比例」などで使われている▦４マス表は、数量の関係がよく理解できます。分数のかけ算の問題も４マス表に表わせます。「分数のかけ算①〜⑤」も４マスにしてみましょう。

（例）P.27

西本さんは、１時間に<u>4km</u>の速さで歩いています。西本さんが$\frac{3}{4}$時間歩くと、<u>何km進みますか</u>。

4	x
1	$\frac{3}{4}$

$$4 \times \frac{8}{4} = \frac{\overset{1}{\cancel{4}} \times 3}{1 \times \cancel{4}_{1}}$$

$$= \frac{3}{1} = 3$$

<u>答え　3km</u>

もくじ

☆　クッキーが1ふくろと5個あります。クッキーの数は、全部で13個です。クッキーは1ふくろに何個入っていますか。1ふくろのクッキーの数を x 個として式に表し、答えを求めましょう。

式　　$x + \boxed{5} = \boxed{13}$

1ふくろと

$x = \boxed{13} - \boxed{5}$

> わからない数を x（エックス）として考える問題です。

$x = \boxed{}$

答え　　　　　　　個

1　せんべいが1ふくろと5枚あります。せんべいの数は、全部で15枚です。せんべいは1ふくろに何枚入っていますか。1ふくろのせんべいの数を x 枚として式に表し、答えを求めましょう。

式　$x + \boxed{5} = \boxed{15}$

1ふくろと

$x = \boxed{15} - \boxed{}$

$x = \boxed{}$

答え　　　　　　　枚

2　油の入ったかんがあります。そこへ油を 15 L入れたので、合わせて 20 Lになりました。油は、はじめに何L入っていましたか。
　はじめにあった油を x Lとして式に表し、答えを求めましょう。

式　　$x + \boxed{15} = \boxed{}$

$x = \boxed{} - \boxed{}$

$x = \boxed{}$

答え　　　　　　　　　　L

3　米が 1 ふくろと 1.2 kgあります。米は合わせて 6.7 kgです。米は 1 ふくろに何kg入っていますか。
　1 ふくろの米の量を x kgとして式に表し、答えを求めましょう。

式　　$x + \boxed{} = \boxed{}$

$x = \boxed{} - \boxed{}$

$x = \boxed{}$

答え　　　　　　　　　　kg

文字を使った式 ②

名前

☆ 森さんは色紙を 35 枚持っています。今日、姉さんから何枚かもらったので、色紙は 50 枚になりました。

姉さんから何枚もらいましたか。姉さんからもらった色紙を x 枚として式に表し、答えを求めましょう。

式 $\boxed{35} + x = \boxed{50}$

$x = \boxed{50} - \boxed{35}$

$x = \boxed{}$

答え　　　　　枚

1 　1組の学級文庫の本は 43 冊です。今日、新しい本が入ったので、50 冊になりました。

新しい本は何冊入りましたか。新しく入った本の数を x 冊として式に表し、答えを求めましょう。

式　$\boxed{43} + x = \boxed{}$

$x = \boxed{} - \boxed{43}$

$x = \boxed{}$

答え

2 岸さんは船のカードを 23 枚持っています。今日、兄さんから何枚
かもらったので、カードは 33 枚になりました。
　兄さんから何枚もらいましたか。兄さんからもらったカードの数
を x 枚として式に表し、答えを求めましょう。

式　$\boxed{23}$ ＋ $\boxed{}$ ＝ $\boxed{33}$

$\boxed{}$ ＝ $\boxed{33}$ － $\boxed{}$

$\boxed{}$ ＝ $\boxed{}$

答え ＿＿＿＿＿＿ 枚

3　くり拾いに行きました。わたしは 40 個拾って、かごに入れました。
弟も拾ったくりを同じかごに入れました。くりは全部で 70 個になり
ました。
　弟は何個拾いましたか。弟の拾ったくりを x 個として式に表し、答
えを求めましょう。

式　$\boxed{40}$ ＋ $\boxed{}$ ＝ $\boxed{}$

$\boxed{}$ ＝ $\boxed{}$ － $\boxed{}$

$\boxed{}$ ＝ $\boxed{}$

答え ＿＿＿＿＿＿ 個

文字を使った式 ③ 名前

☆　卵が何個かあります。7個使ったので、残りが23個になりました。はじめ、卵は何個ありましたか。はじめにあった卵の数を x 個として式に表し、答えを求めましょう。

式　$x - \boxed{7} = \boxed{23}$

> 7個使ったとあるので
> $x-7$ となり
> ひき算の式にします。

$x = \boxed{23} + \boxed{7}$

$x = \boxed{}$

答え　　　　　　個

1　おにぎりが何個かあります。6個食べたので、残りが14個になりました。はじめ、おにぎりは何個ありましたか。はじめにあったおにぎりの数を x 個として式に表し、答えを求めましょう。

式　$x - \boxed{6} = \boxed{}$

$x = \boxed{} + \boxed{}$

$x = \boxed{}$

答え　　　　　　個

2 お茶がペットボトルに入っています。このお茶は4dL飲んだので、残りが6dLになりました。はじめ、お茶は何dLありましたか。はじめにあったお茶の量をxdLとして式に表し、答えを求めましょう。

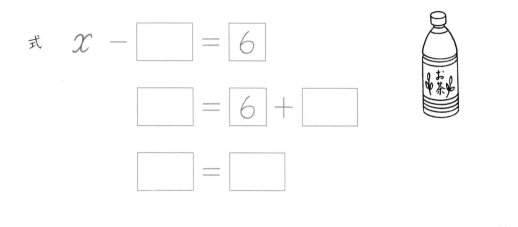

式　$x - \boxed{} = \boxed{6}$

$\boxed{} = \boxed{6} + \boxed{}$

$\boxed{} = \boxed{}$

答え　　　　　　　dL

3 牛乳が紙パックに入っています。この牛乳を2dL飲むと、牛乳の残りは8dLになりました。はじめ、牛乳は何dLありましたか。はじめにあった牛乳の量をxdLとして式に表し、答えを求めましょう。

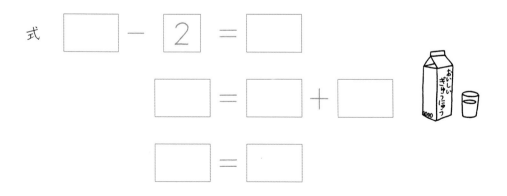

式　$\boxed{} - \boxed{2} = \boxed{}$

$\boxed{} = \boxed{} + \boxed{}$

$\boxed{} = \boxed{}$

答え　　　　　　　dL

文字を使った式 ④

名前

☆ トマトが20個ありました。料理に何個か使ったので、トマト
は12個になりました。料理に使ったトマトは何個ですか。使った
トマトの数を x 個として式に表し、答えを求めましょう。

式　$\boxed{20} - x = \boxed{12}$

x個使うと、12個だから、20−12がx と考えましょう

$x = \boxed{20} - \boxed{12}$

$x = \boxed{}$

答え　　　　　　　　個

1　いちごが25個ありました。いちごケーキを作ったので、いちごは
10個になりました。いちごケーキに使ったいちごは何個ですか。
使ったいちごの数を x 個として式に表し、答えを求めましょう。

式　$\boxed{25} - x = \boxed{10}$

$x = \boxed{} - \boxed{10}$

$x = \boxed{}$

答え　　　　　　　　個

2 　リボンが 70 cm ありました。このリボンを何 cm か使ったので、残りのリボンは 40 cm になりました。使ったリボンは何 cm ですか。使ったリボンの長さを x cm として式に表し、答えを求めましょう。

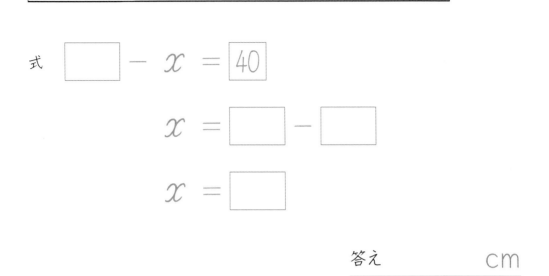

式　□ － x ＝ 40

x ＝ □ － □

x ＝ □

答え ＿＿＿＿＿ cm

3 　ロープが 50 m ありました。このロープを何 m か使ったので、残りは 20 m になりました。使ったロープの長さは何 m ですか。使ったロープの長さを x m として式に表し、答えを求めましょう。

式　□ － x ＝ □

□ ＝ □ － □

□ ＝ □

答え ＿＿＿＿＿ m

文字を使った式 ⑤

名前

☆ 文具店で同じ値段（ねだん）のえん筆を5本買うと、代金は400円でした。このえん筆1本の値段は何円ですか。えん筆1本の値段を x 円（エックス）として式に表し、答えを求めましょう。

式 $x \times \boxed{5} = \boxed{400}$

$x = \boxed{400} \div \boxed{5}$

$x = \boxed{}$

答え　　　　　　　　円

1　文具店で同じ値段のノートを5冊（さつ）買うと、代金は600円でした。このノート1冊の値段は何円ですか。ノート1冊の値段を x 円として式に表し、答えを求めましょう。

式 $x \times \boxed{5} = \boxed{600}$

$x = \boxed{} \div \boxed{5}$

$x = \boxed{}$

答え　　　　　　　　円

2 同じ量ずつ入った牛乳の紙パックがあります。このパック半ダース（6本）分の牛乳の量は30dLです。紙パック1本分の牛乳は何dLですか。1本分の牛乳の量をxdLとして式に表し、答えを求めましょう。

式　$x \times \boxed{} = \boxed{30}$

$x = \boxed{30} \div \boxed{6}$

$x = \boxed{}$

答え　　　　　　　dL

3 同じ重さのスティックのりがあります。このスティックのりが半ダースあります。全部の重さは240gです。スティックのり1本の重さは何gですか。1本分の重さをxgとして式に表し、答えを求めましょう。

式　$x \times \boxed{} = \boxed{}$

$\boxed{} = \boxed{} \div \boxed{}$

$\boxed{} = \boxed{}$

答え　　　　　　　g

文字を使った式 ⑥

名前

☆ 4Ｌずつ灯油が入ったポリタンクが、何個かあります。この灯油を全部集めると、24Ｌになりました。ポリタンクは何個ありますか。ポリタンクの数を x 個として式に表し、答えを求めましょう。

式　$\boxed{4} \times x = \boxed{24}$

$\quad\ x = \boxed{24} \div \boxed{4}$

$\quad\ x = \boxed{}$

答え　　　　　　　　個

---

1 3Ｌずつの油が入ったかんが、何個かあります。このかんの油を全部集めると、24Ｌになりました。かんは何個ありますか。かんの数を x 個として式に表し、答えを求めましょう。

式　$\boxed{3} \times x = \boxed{24}$

$\quad\ x = \boxed{} \div \boxed{3}$

$\quad\ x = \boxed{}$

答え　　　　　　　　個

14

2　周りの長さが60cmの正方形があります。この正方形の1辺の長さは何cmですか。1辺の長さを$x$cmとして式に表し、答えを求めましょう。

周りの長さ60cm

正方形

この大きさは、よく使う色紙と同じです。

式　　$x \times \boxed{} = \boxed{60}$

$x = \boxed{60} \div \boxed{}$

$x = \boxed{}$

答え _____ cm

3　1周するとちょうど100mの正方形の池があります。この正方形の池の1辺の長さは何mですか。1辺の長さをxmとして式に表し、答えを求めましょう。

1周100m

正方形の池

小学校のプールはこの2分の1の大きさです。

式　　$x \times \boxed{} = \boxed{}$

$\boxed{} = \boxed{} \div \boxed{}$

$\boxed{} = \boxed{}$

答え _____ m

……月……日

☆　長方形の畑を 20 m² ずつに分けると、ちょうど 4 等分できました。畑の広さは何 m² ですか。畑全体の広さを x m² として式に表し、答えを求めましょう。

式　　$x \div \boxed{20} = \boxed{4}$

　　　　$x = \boxed{4} \times \boxed{20}$

　　　　$x = \boxed{}$

20m²

答え　　　　　　m²

1　リボンがあります。40 cm ずつ切っていくと、ちょうど 5 等分できました。このリボンの長さは何 cm ですか。リボンの長さ全体を x cm として式に表し、答えを求めましょう。

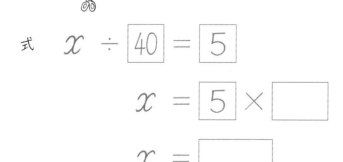

式　$x \div \boxed{40} = \boxed{5}$

　　　$x = \boxed{5} \times \boxed{}$

　　　$x = \boxed{}$

答え　　　　　cm

② さくらんぼが１箱あります。この箱のさくらんぼを50ｇずつ皿にのせると、ちょうど6皿になりました。１箱のさくらんぼは何gですか。さくらんぼ全体の重さをxgとして式に表し、答えを求めましょう。

式　　$x \div \boxed{} = \boxed{6}$

　　　　$x = \boxed{6} \times \boxed{}$

　　　　$x = \boxed{}$

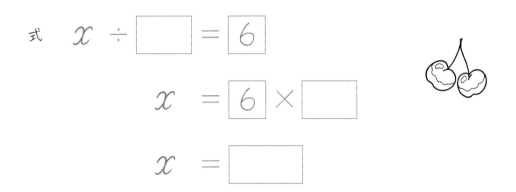

答え　　　　　　　　　g

③ ウーロン茶がペットボトルに入っています。このウーロン茶を2dLずつコップに入れていくと、ちょうどコップ10個分になりました。ペットボトルのウーロン茶は何dLありましたか。ペットボトルのウーロン茶の量をxdLとして式に表し、答えを求めましょう。

式　　$x \div \boxed{} = \boxed{}$

　　　　$\boxed{} = \boxed{} \times \boxed{}$

　　　　$\boxed{} = \boxed{}$

答え　　　　　　　　　dL

月　　日

☆　クッキーが 200 個あります。これを同じ数ずつ分けると、ちょうど 10 箱になりました。クッキーを何個ずつ分けましたか。1 箱分のクッキーの数を x 個として式に表し、答えを求めましょう。

式　$200 ÷ x = 10$

$x = 200 ÷ 10$

$x = \boxed{}$

200個を10箱に分けるのです。

答え　　　　　　　個

1　りんごが 40 個あります。これを同じ数ずつ分けると、ちょうど 10 人分になりました。りんごを何個ずつ分けましたか。1 人分のりんごの数を x 個として式に表し、答えを求めましょう。

式　$40 ÷ x = 10$

$x = \boxed{} ÷ 10$

$x = \boxed{}$

答え　　　　　　　個

2   200gのバターがあります。これを同じ重さずつ分けていくと、
    ちょうど5つ分に分けられました。バターを何gずつ分けましたか。
    バター1つ分の重さをxgとして式に表し、答えを求めましょう。

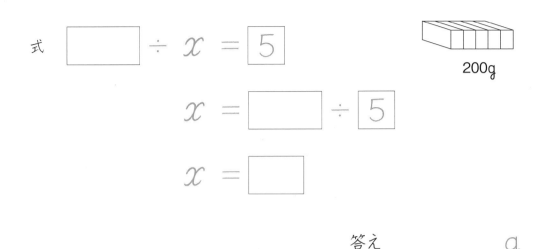

式　□ ÷ x = 5

x = □ ÷ 5

x = □

答え　　　　　　　g

3   びんにジュースが350mL入っています。これを同じ量ずつコップ
    に入れていくと、ちょうど5つ分に分けられました。ジュースを何
    mLずつコップに入れましたか。コップ1つ分のジュースの量をxmL
    として式に表し、答えを求めましょう。

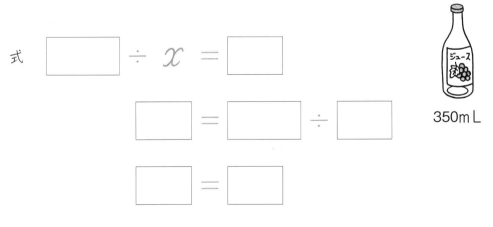

式　□ ÷ x = □

□ = □ ÷ □

□ = □

答え　　　　　　　mL

名前

☆　1個が40円のクッキーがあります。
　　このクッキーの数と代金の関係を考えましょう。

① 　買うクッキーの数を x 個、代金を y 円として、代金を求める式をかきましょう。

式　$\boxed{40} \times x = y$

② 　x が5個のときの y 円を求めましょう。

式　$\boxed{40} \times \boxed{5} = \boxed{}$

答え　　　　　　　　　円

③ 　y が240円のときの x 個を求めましょう。

式　$\boxed{40} \times x = \boxed{240}$

　　$x = \boxed{240} \div \boxed{40}$

ここから、
x(エックス)とy(ワイ)の
2つの文字を使います。

　　$x = \boxed{}$

答え　　　　　　　　　個

1　横の長さが5cmの長方形があります。
　　縦の長さと面積の関係を考えましょう。

① 縦の長さを$x$cm、面積を$y$cm²として、長方形の面積を求める式
　 をかきましょう。

式　　x × 5 = □

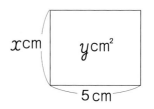

② xが4cmのときの$y$cm²を求めましょう。

式　　□ × 5 = □

答え _____ cm²

③ yが30cm²のときの$x$cmを求めましょう。

式　　x × 5 = □

　　　x = □ ÷ 5

　　　x = □

答え _____ cm

文字を使った式 ⑩ 名前

☆ 正方形の1辺の長さと、周りの長さとの関係を考えましょう。

① 正方形の1辺の長さを x cm、周りの
長さを y cmとして、正方形の周りの長
さを求める式をかきましょう。

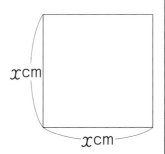

xcm
xcm

式 $\quad x \times \boxed{4} = y$

② x が6cmのときの y cmを求めましょう。

式 $\quad \boxed{6} \times \boxed{4} = \boxed{}$

答え _____ cm

③ y が48cmのときの x cmを求めましょう。

式 $\quad x \times \boxed{4} = \boxed{48}$

$\quad x = \boxed{48} \div \boxed{}$

$\quad x = \boxed{}$

答え _____ cm

1　正五角形の1辺の長さと、周りの長さとの関係を考えましょう。

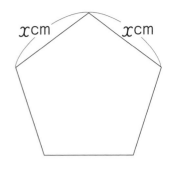
$x$cm　　$x$cm

① 正五角形の1辺の長さを$x$cm、周りの長さを$y$cmとして、正五角形の周りの長さを求める式をかきましょう。

式　$x \times \boxed{} = y$

② xが6cmのときの$y$cmを求めましょう。

式　$\boxed{} \times \boxed{5} = \boxed{}$

答え　　　　　　cm

③ yが45cmのときの$x$cmを求めましょう。

式　$x \times \boxed{} = \boxed{45}$

$x = \boxed{} \div \boxed{}$

$x = \boxed{}$

答え　　　　　　cm

文字を使った式

名前

1　針金4.5mの重さをはかったら、67.5gでした。

① 針金1mの重さをxgとして、式をかきましょう。 （5点）

式　$x \times \boxed{} = \boxed{}$

② 針金1mの重さxgを求めましょう。 （式10点, 答え5点）

式　$x = \boxed{} \div \boxed{}$

　　$= \boxed{}$　　　　　答え　　　g

2　4.8kgのじゃがいもが、3m²の畑からとれました。

① 1m²あたりにとれるじゃがいもを$x$kgとして、式をかきましょう。 （5点）

式　$x \times \boxed{} = 4.8$

② 1m²あたりにとれるじゃがいもを$x$kgを求めましょう。 （式10点, 答え5点）

式　$x = \boxed{} \div \boxed{}$

　　$= \boxed{}$　　　　　答え　　　kg

3 1本x円のえんぴつを6本買うと、420円でした。
えんぴつ1本の金額を求めましょう。 （式10点，答え10点）

式 $x \times \boxed{} = \boxed{}$

$x = \boxed{} \div \boxed{}$

$= \boxed{}$

答え _____ 円

4 xcmの長さのテープから50cm使うと、残りは70cmでした。
もとのテープの長さを求めましょう。 （式10点，答え10点）

式 $x - \boxed{} = \boxed{}$

$x = \boxed{} + \boxed{}$

$= \boxed{}$

答え _____ cm

5 1個30円のガムをx個、1個150円のチョコレートを1個買うと
300円しました。
ガムを何個買いましたか。 （式10点，答え10点）

式 $\boxed{} \times x + \boxed{} = \boxed{}$

$\boxed{} \times x = \boxed{} - \boxed{}$

$x = \boxed{} \div \boxed{}$

$= \boxed{}$

答え _____ 個

分数のかけ算 ①

名前

☆　１Lのペンキで５m²のかべがぬれます。$\frac{2}{7}$Lのペンキでは、何m²のかべがぬれますか。

式　$5 \times \dfrac{2}{7} = \dfrac{5 \times 2}{1 \times 7}$

・$5 = \dfrac{5}{1}$　　　$= \dfrac{10}{7}$

仮分数は$\frac{10}{7}$
帯分数は$1\frac{3}{7}$

「仮分数は帯分数に直しなさい。」となければ、仮分数のままで書きましょう。

答え　　── m²

1　１分間に４Lの水がまけるホースがあります。$\frac{2}{5}$分では、何Lの水をまくことができますか。

式　$\boxed{4} \times \dfrac{2}{5} = \dfrac{4 \times 2}{1 \times 5}$

$\boxed{4 = \dfrac{4}{1}}$　　　$= \dfrac{8}{5}$

答え　　── L

2️⃣ 西本さんは、１時間に4kmの速さで歩いています。西本さんが $\frac{3}{4}$ 時間歩くと、何km進みますか。

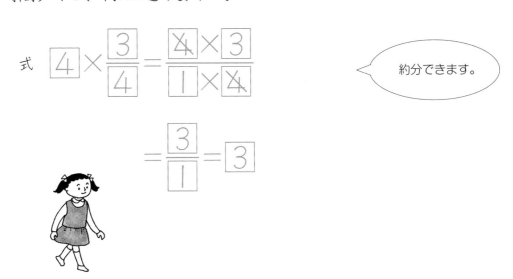

式　$\boxed{4} \times \dfrac{3}{4} = \dfrac{\cancel{4} \times 3}{1 \times \cancel{4}}$

約分できます。

$= \dfrac{3}{1} = \boxed{3}$

答え　　　　　km

3️⃣ なたね油が2Lあります。このなたね油の $\frac{3}{4}$ を、別の容器に移します。移す量は何Lですか。

式　$\boxed{2} \times \dfrac{3}{4} = \dfrac{\cancel{2} \times \square}{\square \times \cancel{4}}$

$= \dfrac{3}{2}$

答え　　　　—L

分数のかけ算 ②

名前

☆　1mの重さが$\frac{1}{4}$kgの針金^{はりがね}があります。

この針金$\frac{3}{5}$mの重さは何kgですか。

式　$\frac{1}{4} \times \frac{3}{5} = \frac{1 \times 3}{4 \times 5}$

$$\frac{B}{A} \times \frac{D}{C} = \frac{B \times D}{A \times C}$$

分母どうし、
分子どうしをかける。

$= \frac{3}{20}$

答え　——kg

1　1分間に$\frac{4}{5}$Lの水が岩の間からわき出ています。

$\frac{3}{5}$分間では、何Lの水がわき出ますか。

式　$\frac{4}{5} \times \frac{3}{5} = \frac{4 \times 3}{5 \times 5}$

$= \frac{\Box}{\Box}$

答え　——L

② １Lの重さが$\frac{6}{5}$kgのジュースがあります。

このジュース$\frac{2}{5}$Lの重さは何kgですか。

式　$\frac{6}{5} \times \frac{2}{5} = \frac{\boxed{} \times \boxed{}}{\boxed{} \times \boxed{}}$

$= \frac{\boxed{}}{\boxed{}}$

答え　―― kg

③ かたつむりは、１分間に$\frac{4}{5}$m進みます。

このかたつむりは、$\frac{4}{3}$分間に何m進みますか。

式　$\frac{4}{5} \times \frac{\boxed{}}{\boxed{}} = \frac{\boxed{} \times \boxed{}}{\boxed{} \times \boxed{}}$

$= \frac{\boxed{}}{\boxed{}}$

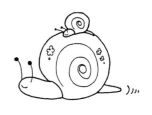

答え　―― m

分数のかけ算 ③

名前

☆ サラダ油が $\dfrac{4}{5}$ L あります。

料理でこの $\dfrac{3}{4}$ を使います。料理で使うのは何Lですか。

式　$\dfrac{4}{5} \times \dfrac{3}{4} = \dfrac{\cancel{4} \times 3}{5 \times \cancel{4}}$

$= \dfrac{3}{5}$

答え ___ L

1 　1dLのペンキで $\dfrac{5}{6}$ m² へいをぬることができます。

このペンキ $\dfrac{3}{4}$ dL では、何m² ぬることができますか。

式　$\dfrac{5}{6} \times \dfrac{3}{4} = \dfrac{\square \times \cancel{3}}{\cancel{6} \times \square}$

$= \dfrac{\square}{\square}$

答え ___ m²

② 1 m²の畑から$\frac{8}{7}$kgのあずきがとれました。

同じようにとれると、$\frac{9}{4}$m²の畑からは何kgとれますか。

式　$\frac{8}{7} \times \frac{9}{4} = \dfrac{\boxed{\diagdown} \times \boxed{}}{\boxed{} \times \boxed{\diagdown}}$

$= \dfrac{\boxed{}}{\boxed{}}$　・答えは仮分数のまま

答え ── kg

③ 1 mの重さが$\frac{8}{9}$kgの鉄棒（てつぼう）があります。

この鉄棒$\frac{3}{5}$mの重さは何kgですか。

式　$\frac{8}{9} \times \dfrac{\boxed{}}{\boxed{}} = \dfrac{\boxed{} \times \boxed{\diagdown}}{\boxed{\diagdown} \times \boxed{}}$

$= \dfrac{\boxed{}}{\boxed{}}$

答え ── kg

31

分数のかけ算 ④　名前

☆　1Lの重さが $\dfrac{4}{3}$ kgのジュースがあります。

このジュース $\dfrac{9}{8}$ Lの重さは何kgですか。

式　$\dfrac{4}{3} \times \dfrac{9}{8} = \dfrac{\overset{1}{\cancel{4}} \times \overset{3}{\cancel{9}}}{\underset{1}{\cancel{3}} \times \underset{2}{\cancel{8}}}$

$= \dfrac{3}{2}$

答え　　—　kg

1　1分間に $\dfrac{5}{6}$ m進むかたつむりがいます。

このかたつむりは、$\dfrac{9}{10}$ 分間に何m進みますか。

式　$\dfrac{5}{6} \times \dfrac{9}{10} = \dfrac{5 \times \cancel{}}{\cancel{} \times 10}$

$= \dfrac{\square}{\square}$

答え　　—　m

2 水道からは、1分間に$\frac{20}{7}$Lの水が出ています。

$\frac{14}{15}$分間では、何Lの水が出ることになりますか。

式　$\frac{20}{7} \times \frac{14}{15} = \dfrac{\diagdown \times \diagdown}{\diagdown \times \diagdown}$

$= \dfrac{\boxed{}}{\boxed{}}$　・答えは仮分数のまま

答え　—— L

3 1dLのペンキで$\frac{16}{15}$m²の板をぬることができます。

このペンキ$\frac{9}{8}$dLでは、何m²の板をぬることができますか。

式　$\frac{16}{15} \times \dfrac{\boxed{}}{\boxed{}} = \dfrac{\diagdown \times \diagdown}{\diagdown \times \diagdown}$

$= \dfrac{\boxed{}}{\boxed{}}$　・答えは仮分数のまま

答え　—— m²

分数のかけ算 ⑤　　名前

☆　縦の長さが $\frac{9}{8}$ mで、横の長さが $\frac{14}{15}$ mの長方形の板があります。この板の面積は何m²ですか。

式　$\frac{9}{8} \times \frac{14}{15} = \dfrac{\overset{3}{\cancel{9}} \times \overset{7}{\cancel{14}}}{\underset{4}{\cancel{8}} \times \underset{5}{\cancel{15}}}$

$= \dfrac{21}{20}$

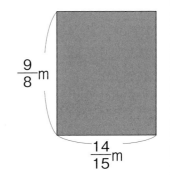

$\frac{9}{8}$ m

$\frac{14}{15}$ m

答え ──── m²

1　縦の長さが $\frac{20}{9}$ mで、横の長さが $\frac{15}{8}$ mの長方形の花だんがあります。この花だんの面積は何m²ですか。

式　$\dfrac{20}{9} \times \dfrac{15}{8} = \dfrac{\cancel{20} \times \cancel{}}{\cancel{} \times \cancel{8}}$

$= \dfrac{}{}$　　答えは仮分数のまま

$\frac{20}{9}$ m

$\frac{15}{8}$ m

答え ──── m²

34

② 縦の長さが$\frac{21}{10}$mで、横の長さが$\frac{25}{6}$mの長方形のうさぎ小屋があります。このうさぎ小屋の面積は何m²ですか。

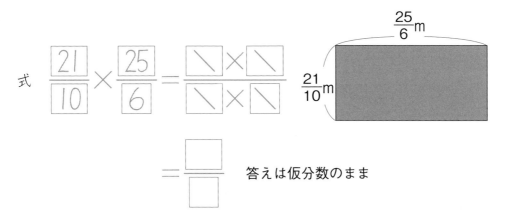

式　$\frac{21}{10} \times \frac{25}{6} = \frac{\boxed{\diagdown} \times \boxed{\diagdown}}{\boxed{\diagdown} \times \boxed{\diagdown}}$

$= \frac{\boxed{}}{\boxed{}}$　答えは仮分数のまま

答え　―― m²

③ 縦の長さが$\frac{28}{15}$mで、横の長さが$\frac{25}{8}$mの長方形の池があります。この池の面積は何m²ですか。

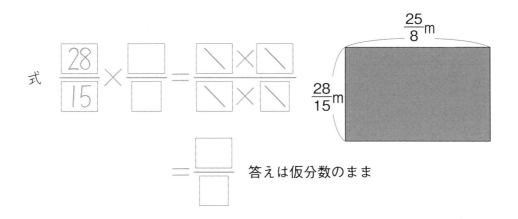

式　$\frac{28}{15} \times \frac{\boxed{}}{\boxed{}} = \frac{\boxed{\diagdown} \times \boxed{\diagdown}}{\boxed{\diagdown} \times \boxed{\diagdown}}$

$= \frac{\boxed{}}{\boxed{}}$　答えは仮分数のまま

答え　―― m²

分数のかけ算

名前

1　1辺の長さが $\dfrac{4}{5}$ cmの正方形の面積を求めましょう。

（式10点，答え10点）

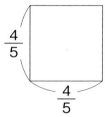

式　$\dfrac{\square}{\square} \times \dfrac{\square}{\square} = \dfrac{\square \times \square}{\square \times \square}$

$= \dfrac{\square}{\square}$

答え ── cm^2

2　底辺の長さが $\dfrac{6}{7}$ cm、高さが $\dfrac{2}{3}$ cmの平行四辺形の面積を求めましょう。

（式10点，答え10点）

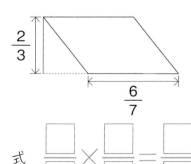

式　$\dfrac{\square}{\square} \times \dfrac{\square}{\square} = \dfrac{\square \times \square}{\square \times \square}$

$= \dfrac{\square}{\square}$

答え ── cm^2

③ 1Lの重さが1200gのジュースがあります。

このジュースの$\frac{1}{3}$Lの重さを求めましょう。 （式10点, 答え10点）

式 □ × $\dfrac{□}{□}$ = $\dfrac{□ × □}{□}$

= □ 答え _____ g

④ 1mの重さが$\frac{4}{9}$kgの鉄の棒があります。

この棒の$\frac{3}{8}$mの重さを求めましょう。 （式10点, 答え10点）

式 $\dfrac{□}{□}$ × $\dfrac{□}{□}$ = $\dfrac{□ × □}{□ × □}$

= $\dfrac{□}{□}$ 答え _____ ── kg

⑤ 1㎡ぬるのに、$\frac{7}{4}$dLのペンキを使います。

$1\frac{3}{5}$㎡のかべをぬるために必要なペンキの量を求めましょう。
（式10点, 答え10点）

式 $\dfrac{□}{□}$ × □$\dfrac{□}{□}$ = $\dfrac{□}{□}$ × $\dfrac{□}{□}$

答えは仮分数のまま

= $\dfrac{□ × □}{□ × □}$

= $\dfrac{□}{□}$ 答え _____ ── dL

分数のわり算 ①

名前

☆ アップルジュースが3Lあります。

コップに $\frac{1}{5}$ Lずつ入れると、コップは何個いりますか。

逆数

式 $3 \div \frac{1}{5} = \frac{3 \times 5}{1 \times 1}$

・ $3 = \frac{3}{1}$

$= \frac{15}{1} = \boxed{15}$

答え ☐ 個

---

1 小麦粉が4kgあります。

これを $\frac{1}{4}$ kgずつふくろに入れていくと、何ふくろできますか。

逆数

式 $\boxed{4} \div \frac{1}{4} = \frac{4 \times 4}{1 \times 1}$

$4 = \frac{4}{1}$

$= \frac{16}{1} = \boxed{}$

答え ☐ ふくろ

2 油が3Lあります。

この油を$\frac{3}{5}$Lずつ、別の容器に入れていきます。

容器は何個いりますか。

式 $\boxed{3} \div \dfrac{\boxed{3}}{\boxed{5}} = \dfrac{\cancel{3} \times \boxed{}}{\boxed{} \times \cancel{3}}$

$= \dfrac{\boxed{}}{\boxed{1}} = \boxed{}$

答え 　　　　個

3 米が4kgあります。

これを$\frac{4}{5}$kgずつふくろに入れます。

何ふくろできますか。

式 $\boxed{4} \div \dfrac{\boxed{4}}{\boxed{5}} = \dfrac{\cancel{4} \times \boxed{}}{\boxed{} \times \cancel{4}}$

$= \dfrac{\boxed{}}{\boxed{}} = \boxed{}$

答え 　　　ふくろ

分数のわり算 ②

名前

☆　重さが $\dfrac{5}{7}$ kgの鉄パイプの長さは、$\dfrac{3}{4}$ mです。

　　この鉄パイプ１mの重さは何kgですか。

式　$\dfrac{5}{7} \div \dfrac{3}{4} = \dfrac{5 \times 4}{7 \times 3}$

逆数

	?	$\dfrac{5}{7}$
重さ　（kg）	?	$\dfrac{5}{7}$
長さ　（m）	1	$\dfrac{3}{4}$

$= \dfrac{\boxed{}}{21}$

答え　——kg

1　$\dfrac{8}{7}$ m²の畑の草取りをすると、$\dfrac{3}{5}$ 時間かかりました。

　　１時間では何m²の畑の草を取ることができますか。

式　$\dfrac{8}{7} \div \dfrac{3}{5} = \dfrac{\boxed{} \times 5}{\boxed{} \times 3}$

逆数

面積　（m²）	?	$\dfrac{8}{7}$
時間　（時間）	1	$\dfrac{3}{5}$

$= \dfrac{\boxed{}}{\boxed{}}$

・答えは仮分数のまま

答え　——m²

2 $\frac{6}{7}$ m²の板をぬるのに、$\frac{5}{6}$dLのペンキがいります。

このペンキ1dLでは、何m²の板をぬることができますか。

式 $\frac{6}{7} \div \frac{5}{6} = \frac{6 \times \boxed{}}{7 \times \boxed{}}$

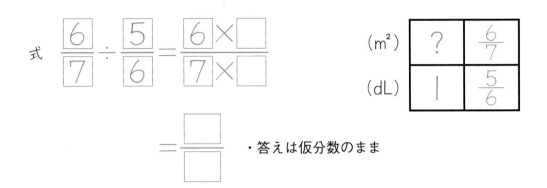

$= \frac{\boxed{}}{\boxed{}}$ ・答えは仮分数のまま

答え ——— m²

3 面積が$\frac{5}{7}$m²の長方形の板があります。

縦(たて)の長さは$\frac{4}{5}$mです。横は何mですか。

式 $\frac{5}{7} \div \frac{4}{5} = \frac{\boxed{} \times \boxed{}}{\boxed{} \times \boxed{}}$

$= \frac{\boxed{}}{\boxed{}}$

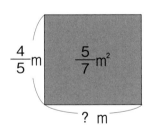

答え ——— m

分数のわり算 ③

名前

☆　ペンキ$\frac{5}{6}$dLで、$\frac{3}{4}$m²のへいをぬることができます。このペンキ1dLでは、何m²のへいをぬることができますか。

逆数

式　$\frac{3}{4} \div \frac{5}{6} = \frac{3 \times \overset{3}{\cancel{6}}}{\underset{2}{\cancel{4}} \times 5}$

(m²)	?	$\frac{3}{4}$
(dL)	1	$\frac{5}{6}$

$= \frac{\boxed{}}{\boxed{}}$

答え　—— m²

1　長さが$\frac{4}{5}$mの鉄パイプがあります。重さは$\frac{6}{7}$kgです。

この鉄パイプ1mの重さは何kgですか。

逆数

式　$\frac{6}{7} \div \frac{4}{5} = \frac{\cancel{6} \times \boxed{}}{\boxed{} \times \cancel{4}}$

(kg)	?	$\frac{6}{7}$
(m)	1	$\frac{4}{5}$

$= \frac{\boxed{}}{\boxed{}}$　・答えは仮分数のまま

答え　—— kg

2 砂糖(さとう)が $\frac{5}{6}$ Lあります。その重さは $\frac{4}{3}$ kgです。

この砂糖１Lの重さは何kgになりますか。

式 $\frac{4}{3} \div \frac{5}{6} = \frac{□×\diagdown}{\diagdown×□}$

$= \frac{□}{□}$ ・答えは仮分数のまま

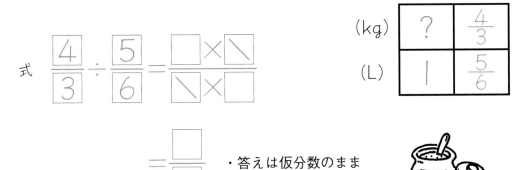

(kg)	?	$\frac{4}{3}$
(L)	1	$\frac{5}{6}$

答え ____ kg

---

3 砂(すな)が $\frac{8}{7}$ Lあります。その重さは $\frac{8}{5}$ kgです。

この砂１Lの重さは何kgになりますか。

式 $\frac{8}{5} \div \frac{□}{□} = \frac{\diagdown×□}{□×\diagdown}$

$= \frac{□}{□}$ ・答えは仮分数のまま

(kg)	?	$\frac{8}{5}$
(L)	1	$\frac{8}{7}$

答え ____ kg

分数のわり算 ④ 名前

☆ セメント $\frac{7}{6}$ L の重さをはかると、$\frac{14}{3}$ kg ありました。このセメント 1 L の重さは何kgですか。

式 $\frac{14}{3} \div \frac{7}{6} = \frac{14 \times \overset{2}{\cancel{6}}}{\cancel{3} \times \cancel{7}}$

(kg)	?	$\frac{14}{3}$
(L)	1	$\frac{7}{6}$

$= \frac{4}{1} = \boxed{}$

答え ____ kg

1 $\frac{6}{5}$ m² の畑に、$\frac{8}{15}$ kg の肥料をまきます。1 kg の肥料では、何m² の畑にまくことができますか。

式 $\frac{6}{5} \div \frac{8}{15} = \frac{\cancel{6} \times \cancel{}}{\cancel{5} \times \cancel{}}$

(m²)	?	$\frac{6}{5}$
(kg)	1	$\frac{8}{15}$

$= \frac{\boxed{}}{\boxed{}}$

・答えは仮分数のまま

答え ―― m²

② 灯油が $\frac{15}{8}$ Lあります。その重さは $\frac{3}{2}$ kgです。

この灯油｜Lの重さは何kgですか。

式 $\dfrac{3}{2} \div \dfrac{15}{8} = \dfrac{\diagdown \times \diagdown}{\diagdown \times \diagup}$

$= \dfrac{\square}{\square}$

(kg)	?	$\frac{3}{2}$
(L)	1	$\frac{15}{8}$

答え ____ ── kg

③ はちみつが $\frac{14}{3}$ Lあります。これを $\frac{7}{9}$ Lずつ、容器に入れます。

はちみつ $\frac{7}{9}$ L入りの容器は何個できますか。

式 $\dfrac{\square}{\square} \div \dfrac{7}{9} = \dfrac{\diagdown \times \diagdown}{\diagdown \times \diagdown}$

$= \dfrac{\square}{\square} = \square$

(L)	$\frac{7}{9}$	$\frac{14}{3}$
(個)	1	?

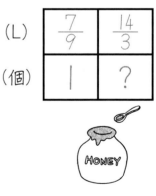

答え ____ 個

分数のわり算 ⑤   名前

☆　面積が $\frac{21}{10}$ m² の長方形の板があります。この板の縦の長さは $\frac{14}{15}$ mです。横の長さは何mですか。

式　$\dfrac{21}{10} \div \dfrac{14}{15} = \dfrac{\overset{3}{\cancel{21}} \times \overset{3}{\cancel{15}}}{\underset{2}{\cancel{10}} \times \underset{2}{\cancel{14}}}$

? m

$\frac{14}{15}$m　$\frac{21}{10}$m²

$= \dfrac{\ \ }{\ \ }$

・答えは仮分数のまま

答え ――― m

1　面積が $\frac{14}{15}$ m² の長方形の紙があります。この紙の横の長さは $\frac{21}{20}$ m です。縦の長さは何mですか。

式　$\dfrac{14}{15} \div \dfrac{21}{20} = \dfrac{\cancel{14} \times \cancel{20}}{\cancel{15} \times \cancel{21}}$

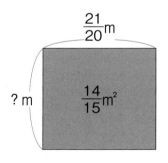

$= \dfrac{\ \ }{\ \ }$

答え ――― m

2　面積が $\frac{8}{15}$ m²の長方形のボール紙があります。

縦の長さは $\frac{6}{25}$ mです。横の長さは何mですか。

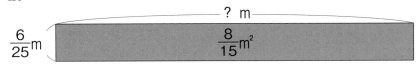

式　$\frac{8}{15} \div \frac{6}{25} = \dfrac{\boxed{} \times \boxed{}}{\boxed{} \times \boxed{}}$

$= \dfrac{\boxed{}}{\boxed{}}$　・答えは仮分数のまま

答え ——— m

3　面積が $\frac{10}{9}$ m²の長方形の板があります。

縦の長さは $\frac{8}{15}$ mです。横の長さは何mですか。

式　$\frac{10}{9} \div \dfrac{\boxed{}}{\boxed{}} = \dfrac{\boxed{} \times \boxed{}}{\boxed{} \times \boxed{}}$

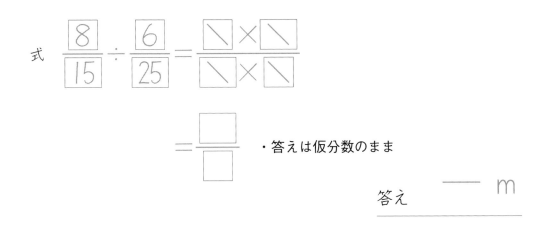

$= \dfrac{\boxed{}}{\boxed{}}$　・答えは仮分数のまま

答え ——— m

47

分数のわり算

名前

1　$\dfrac{8}{9}$ m²のかべをぬるのに、4 dLのペンキを使いました。

ペンキ 1 dLでは、何m²ぬれますか。　　　　　　（式10点，答え10点）

式　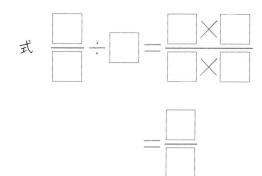

答え　　　　　　　　　　m²

2　$\dfrac{4}{5}$ mのリボンがあります。

このリボンを $\dfrac{1}{10}$ mずつ切ると何本できますか。　　（式10点，答え10点）

式　$\dfrac{\square}{\square} \div \dfrac{\square}{\square} = \dfrac{\square \times \square}{\square \times \square}$

$= \square$

答え　　　　　　本

③ お米が、ふくろに入っています。

そのうち $\frac{5}{6}$ を使うと、残りは $\frac{1}{3}$ kgになりました。

はじめに何kgのお米が入っていましたか。 (式10点，答え10点)

式
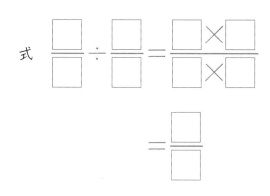

答え ― kg

④ 本を60ページ読みました。これは全体の $\frac{2}{9}$ です。

この本のページ数は、全部で何ページになりますか。

(式10点，答え10点)

式
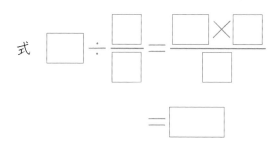

答え ページ

⑤ 底面の長さが $2\frac{1}{5}$ cmで、面積が11cm²の平行四辺形があります。

この平行四辺形の高さは、何cmになりますか。 (式10点，答え10点)

式

答え cm

☆　A組のソフトボール投げの平均は 20 m です。
　　野口さんの記録は 24 m です。
　　野口さんの記録は、A組の平均の何倍ですか。（答えは小数）

式　[24]　÷　[20]　＝　[　　]
　　比べられる量　もとにする量　割合（倍）

答え　　　　　倍

きょり(m)	20	24
割合（倍）	1	□

$20 × □ = 24$
$□ = 24 ÷ 20$

1　B組のソフトボール投げの平均は 18 m です。
　　原田さんの記録は 24 m です。
　　原田さんの記録は、B組平均の何倍ですか。（答えは分数）

平均　18m
原田　24m
割合
0　　　　　　　　　1倍　　□倍

式　[24]　÷　[　　]　＝　$\frac{24}{18}$　＝　$\frac{□}{□}$

答え　　　─　倍

2 　定員 50 人のバスが発車します。
　　乗客は 45 人です。
　　乗客は定員の何倍にあたりますか。（答えは小数）

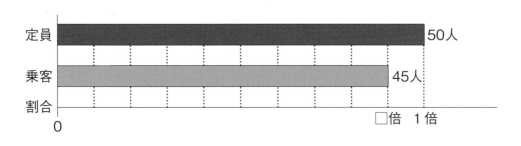

答え　　　　　　倍

3 　定員 45 人のバスが発車します。
　　乗客は 50 人です。
　　乗客は定員の何倍にあたりますか。（答えは分数）

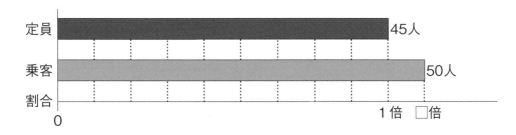

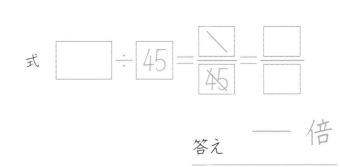

答え　　　　── 倍

倍と割合 ②

名前

☆　１組のソフトボール投げの平均は 25 m です。
　　大森さんの記録は、１組平均の 1.2 倍です。
　　大森さんの記録は何mですか。（電たく使用）

式　$\boxed{25} \times \boxed{1.2} = \boxed{}$

　　もとにする量　　割合（倍）　　比べられる量

答え　　　　　　　　m

きょり(m)	25	□
割合(倍)	1	1.2

$25 \times 1.2 = \boxed{}$

1　２組のソフトボール投げの平均は 24 m です。

　大川さんの記録は、２組平均の $\frac{5}{4}$ 倍です。

　大川さんの記録は何mですか。

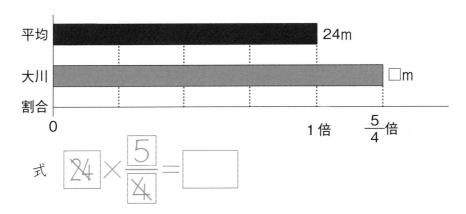

平均　　24m
大川　　□m
割合
0　　　　1倍　　$\frac{5}{4}$倍

式　$\boxed{24} \times \boxed{\dfrac{5}{4}} = \boxed{}$

答え　　　　　　　　m

② 定員 50 のバスが発車します。
　乗客は定員の 0.8 倍です。
　乗客は何人ですか。

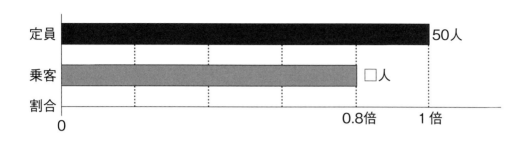

	定員	乗客
人	50	□
割合	1	0.8

式　50 × □ = □

答え　　　　　　人

③ 定員 45 人のバスが発車します。

　乗客は定員の $\frac{6}{5}$ 倍です。

　乗客は何人ですか。

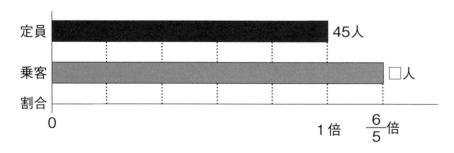

	定員	乗客
人	45	□
割合	1	$\frac{6}{5}$

式　45 × $\frac{□}{□}$ = □

答え　　　　　　人

比の問題 ①

名前

月　　日

☆　白いリボンが4m、赤いリボンが5mあります。
　　白いリボンと赤いリボンの長さの比を求めましょう。

　　　　　　　　　4m　　　　　　　　　5m

　　　　　　　　　　　　　　　　　　　　単位はとります。

　　　　　　　　4m　　　：　　　5m

　　　　　　　　4　　　：　　　5　　　答え　　　　：

1　砂糖が4kg、食塩が7kgあります。砂糖と食塩の重さの比を求めましょう。

砂糖　　：　　食塩
4kg　　　　　7kg

単位はとって、数をならべる。

答え　　　　：

2　男子11人、女子16人がドッジボールをしています。男子と女子の人数の比を求めましょう。

11人　　　　　　16人

名数（人）はとります。

答え　　　　：

☆ 縦6m、横8mの長方形の花だんがあります。
　縦と横の長さの比を、簡単な比で表しましょう。

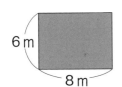

縦 ： 横

$$6 : 8 = \boxed{3} : \boxed{4}$$
（÷2　÷2）

答え 　　　　　：

---

③ 縦12m、横8mの長方形の野菜畑があります。
　縦と横の長さの比を、簡単な比で表しましょう。

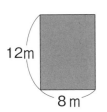

縦 ： 横

$$12 : 8 = \boxed{} : \boxed{}$$
（÷4　÷4）

答え 　　　　　：

---

④ 女子25人、男子15人がジョギングをしています。
　女子と男子の人数の比を、簡単な比で表しましょう。

25人　　　　　　　　　　　15人

$$25 : 15 = \boxed{} : \boxed{}$$

答え 　　　　　：

比の問題 ②

名前

☆ 等しい比になるように、□に数をかきましょう。

① 3 : 5 = 6 : ⟨10⟩

② 5 : 4 = 15 : □

③ 5 : 7 = □ : 14

④ 12 : 21 = 4 : □

⑤ 20 : 24 : □ : 6

> 比の前の数と
> 後の数に
> 同じ数をかけても
> 同じ数でわっても、
> 比は等しい。

---

1 長方形の広場があります。この広場の縦と横の長さの比は、3 : 4です。

　縦は 15mです。横は何mですか。

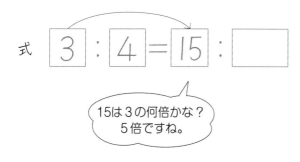

式　⟨3⟩ : ⟨4⟩ = ⟨15⟩ : □

> 15は3の何倍かな？
> 5倍ですね。

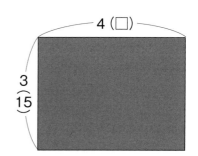

答え 　　　　　 m

2 黄色と緑色の色紙があります。黄色と緑色の色紙の枚数の比は、
5：6です。
　黄色は45枚です。緑色は何枚ですか。

　　　　黄色 ： 緑色
式　 5 ： 6 ＝ 45 ：

　　　　　　　　　　　　　　　答え　　　　　　　枚

3 妹とお母さんの体重の比は、4：7です。
　妹の体重は28kgです。お母さんの体重は何kgですか。

 28kg □kg

式　 4 ： 7 ＝ 28 ：

　　　　　　　　　　　　　　　答え　　　　　　　kg

4 長方形の旗を作ります。この旗の縦と横の長さの比は、2：3で
す。
　横を75cmにすると、縦は何cmになりますか。

　　　　縦 ： 横
式　 2 ： 3 ＝ 　 ： 75

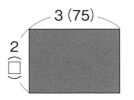

　　　　　　　　　　　　　　　答え　　　　　　　cm

名前

月　　日

☆　長さ80cmのリボンを、長さの比が5：3になるように、姉と妹で分けます。それぞれ何cmですか。

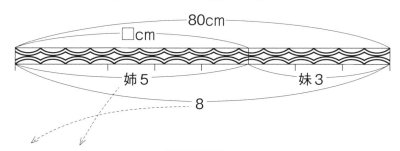

80cm

□cm

姉5　　　　妹3

8

$8 : 5 = 80 : \boxed{}$

$80 - \boxed{} = \boxed{}$

姉　　　　妹

答え　　　　 cm,　　　 cm

1　長さ70mのロープを、長さの比が4：3になるように、兄と弟で分けます。それぞれ何mですか。

70m

□m

兄4　　　　　　弟3

7

$7 : 4 = 70 : \boxed{}$

$70 - \boxed{} = \boxed{}$

答え　兄　　 m, 弟　　 m

58

2 36 Lの灯油を、5：4になるように、エーとビーの容器に入れます。A、
  Bそれぞれ何Lですか。

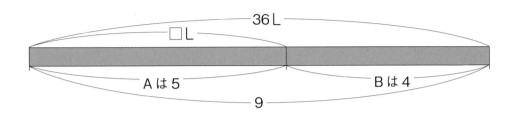

$$9：5＝36：\boxed{}$$

$$36－\boxed{}＝\boxed{}$$

答え A　　　L, B　　　L

3 48 kgの小麦粉を、7：5になるように、AとBのふくろに入れま
  す。A、Bそれぞれ何kgですか。

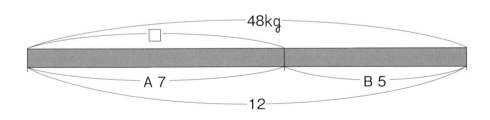

$$12：7＝48：\boxed{}$$

$$48－\boxed{}＝\boxed{}$$

答え A　　　kg, B　　　kg

1　りんごとなしの値段の比は、2：3です。
　　りんごの値段を100円とすると、なしの値段はいくらになりますか。

（式10点，答え5点）

式

答え　　　　　　　　　円

2　ジュースとチョコレートを買いました。
　　ジュースとチョコレートの値段に比は、3：4です。
　　ジュースの値段を120円とすると、チョコレートは何円になりますか。

（式10点，答え5点）

式

答え　　　　　　　　　円

3　図書室にある物語の本と科学の本の冊数の比は5：4です。
　　物語の本が450冊とすると、科学の本は何冊になりますか。

（式10点，答え5点）

式

答え　　　　　　　　　冊

4 ケーキを作ります。使う砂糖と小麦粉の重さの比は２：５です。

① 小麦粉を 150 g とすると、砂糖は何 g になりますか。

(式10点，答え5点)

式

答え _____ g

② 砂糖を 80 g にすると、小麦粉は何 g になりますか。

(式10点，答え5点)

式

答え _____ g

5 ある小学校の５年生と６年生の数は 96 人でした。
　５年生と６年生の人数の比は７：９です。それぞれ何人になりますか。

(式20点，答え5点)

式　５年生　□ × □/□ = □×□/□ = □

　　６年生　□ × □/□ = □×□/□ = □

答え ５年生　　　人，６年生　　　人

☆　水そうに水道の水を入れると、１分間に水の深さが５cm増えていきます。それが下の表です。

時　間 x（分）	1	2	3	4	5	6	7
水の深さ y（cm）	5	10	15	20	25	30	35

表を見て答えましょう。

①　４分後の水の深さは何cmですか。　　答え　　　　cm

②　水の深さは、いつも時間の何倍ですか。　答え　　　　倍

1　水そうに水道の水を入れると、１分間に水の深さが３cm増えていきます。それが下の表です。

時　間 x（分）	1	2	3	4	5	6	7	8	9	10
水の深さ y（cm）	3	6	9	12	15	18				

表を見て答えましょう。

①　５分後の水の深さは何cmですか。　　答え　　　　cm

②　水の深さが18cmになるのは何分後ですか。答え　　　　分後

③　表のあいているところに数をかきましょう。

2 針金の長さと重さの関係を調べたら、下の表のようになりました。

長　さ x (m)	1	2	3	4		6		8
重　さ y (g)	?	20	30		50		70	80

表を見て答えましょう。

① 針金2mの重さは何gですか。　　　　答え　　　　　g

② 針金1mの重さは何gですか。　　　　答え　　　　　g

③ 表のあいているところに数をかきましょう。

3 針金の長さと重さの関係を調べたら、下の表のようになりました。

長　さ x (m)	1	2	3	4	5	6		8
重　さ y (g)	?		60	80	100		140	

表を見て答えましょう。

① 針金1mの重さは何gですか。　　　　答え　　　　　g

② 針金の重さ（y）は、針金の長さ（x）の数の何倍ですか。

　　　　　　　　　　　　　　　　　　答え　　　　　倍

③ 表のあいているところに数をかきましょう。

・xとyの関係の式は、☆　y=5×x　　1　y=3×x
　　　　　　　　　　　2　y=10×x　　3　y=20×x

月　　日

☆　水道から水が5分間で30 L 出ました。この水道を20分間出すと、水は何 L 出ますか。

時　間 x（分）		5		20
水の量 y（L）		30		□

→

4倍

（分）	5	20
（L）	30	□

・時間は何倍　　$20 \div 5 = 4$

・水の量も4倍　　$30 \times 4 = $ ☐

答え　　　　　　L

1　ガソリン2Lで30 km走る自動車があります。
　　この自動車は、ガソリン12Lで何km走りますか。

ガソリン　（L）		2		12
道のり　（km）		30		□

→

○倍

（L）	2	12
（km）	30	□

○倍

・ガソリンは何倍　　$12 \div 2 = $ ☐

・道のりも○倍　　$30 \times $ ☐ $ = $ ☐

答え　　　　　　km

2 2mの重さが16gの針金があります。
この針金20mの重さは何gですか。

(m)	2	20
(g)	16	□

式 20 ÷ ☐ = ☐

　　 16 × ☐ = ☐

答え　　　　　　　　g

3 10本の重さが15gのくぎがあります。
このくぎ70本の重さは何gですか。

(本)	10	70
(g)	15	□

式 70 ÷ ☐ = ☐

　　 ☐ × ☐ = ☐

答え　　　　　　　　g

比例の問題 ③　名前

☆　3枚80円の画用紙があります。
　　24枚買うと、代金は何円ですか。

画用紙 x（枚）		3		24
代　金 y（円）		80		

→

	○倍
（分）	3　24
（円）	80　□
	○倍

・画用紙は何倍　　$24 \div 3 = 8$

・代金も○倍　　$80 \times 8 = \boxed{}$

答え　　　　　　　円

1　3冊80円のメモ帳があります。
　　400円では、何冊買うことができますか。

メモ帳 x（冊）		3		□
代　金 y（円）		80		400

→

	○倍
（冊）	3　□
（円）	80　400
	○倍

・代金は何倍　　$400 \div 80 = 5$

・メモ帳も○倍　　$3 \times \boxed{} = \boxed{}$

答え　　　　　　　冊

2 4Lのガソリンで、35km走る自動車があります。
   この自動車は24Lのガソリンで何km走りますか。

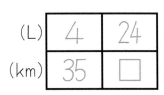

(L)	4	24
(km)	35	□

式　24 ÷ □ ＝ □

　　□ × □ ＝ □

答え　　　　　　　　　km

3 4gで35cmの針金(はりがね)があります。
   この針金280cmの重さは何gですか。

(g)	4	□
(cm)	35	280

式　□ ÷ 35 ＝ □

　　□ × □ ＝ □

答え　　　　　　　　　g

比例の問題 ④　　名前

☆　3mの重さが21gの針金があります。
　　この針金10mの重さは何gですか。

長　さ x (m)	3	10
重　さ y (g)	21	□

→

(m)	3	10
(g)	21	□

・1mの重さ　　$21 \div 3 = 7$

・10mの重さ　　$7 \times 10 =$ ☐

答え　　　　　　g

1　3dLが180円の飲み物があります。
　　この飲み物は8dLの値段は何円ですか。

飲み物の量 x (dL)	3	8
値　　　段 y (円)	180	□

→

(dL)	3	8
(円)	180	□

・1dLの値段　$180 \div 3 = 60$

・8dLの値段　$60 \times$ ☐ $=$ ☐

答え　　　　　　円

2 4mで120円のリボンがあります。
   15m買うと、代金は何円ですか。

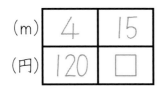

リボン　15m

(m)	4	15
(円)	120	□

式　120 ÷ □ = □

　□ × □ = □

答え　　　　　　　円

3 5mが200gの針金があります。
   この針金13mの重さは何gですか。

針金　13m

(m)	5	13
(g)	200	□

式　□ ÷ 5 = □

　□ × □ = □

答え　　　　　　　g

☆　3mの重さが24gの針金^{はりがね}があります。
この針金80gでは、長さは何mになりますか。

長さ x (m)	3	□
重さ y (g)	24	80

→

(m)	3	□
(g)	24	80

・1mの重さ　24 ÷ 3 = 8

・80gの長さ　80 ÷ 8 = 　

答え　　　　　　　　m

1　3mの重さが21gの針金があります。
この針金140gでは、長さは何mになりますか。

長さ x (m)	3	□
重さ y (g)	21	140

→

(m)	3	□
(g)	21	140

・1mの重さ　21 ÷ 3 = 7

・140gの長さ　140 ÷ 　 = 　

答え　　　　　　　　m

2 はとは、60 m を 2秒の速さで飛びます。
このはとは、750 m を何秒で飛びますか。

(秒)	2	□
(m)	60	750

式 $60 ÷ \boxed{} = \boxed{}$

$\boxed{} ÷ \boxed{} = \boxed{}$

答え _____ 秒

3 新幹線ひかり号は、4秒で 240 m 走ります。
ひかり号は、900 m 進むのに何秒かかりますか。

(秒)	4	□
(m)	240	900

式 $\boxed{} ÷ 4 = \boxed{}$

$\boxed{} ÷ \boxed{} = \boxed{}$

答え _____ 秒

比例の問題

名前

① ネジがたくさんあります。次の問いに答えましょう。

（式各10点，答え各5点）

① ネジ6本分の重さは、48gでした。
ネジ1本の重さは何gですか。

式 　□ ÷ □ = □

答え　　　　　　　　g

② ネジが72本あるとき、ネジの重さは何gですか。

式 　□ × □ = □

答え　　　　　　　　g

③ ネジの重さが1392gのとき、何本ありますか。

式 　□ ÷ □ = □

答え　　　　　　　　本

2 くぎの本数と重さを表にしました。

本　数 x（本）	0	1	50	100	150	200	
重　さ y（g）	0		200	400		800	

① 表のあいているところに数字をかきましょう。　　　　　（10点）

② xとyの関係を式にしましょう。　　　　　（15点）

式　□ × □ = □

③ くぎが77本のとき、くぎの重さは何gになりますか。
（式10点，答え5点）

式　□ × □ = □

答え　　　　　　　　g

④ くぎの重さが280gのとき、くぎは何本ありますか。
（式10点，答え5点）

式　□ ÷ □ = □

答え　　　　　　　　本

73

名前

☆　面積が6㎡の長方形の、縦と横の関係を調べましょう。

縦 xm		横 ym		面積 6㎡
1	×	6	=	6
2	×	3	=	6
3	×	2	=	6
6	×	1	=	6

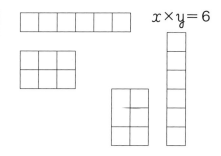

$x×y=6$

表のあいている □ に、数をかきましょう。

縦　x　(m)	1	2	3	4	5	6
横　y　(m)				1.5	1.2	

1　面積が12㎡の長方形の、縦と横の関係を表にしましょう。
　　表のあいている □ に、あてはまる数をかきましょう。

縦　x　(m)	1	2	3	4	5	6	8	10	12
横　y　(m)	12	6			2.4		1.5	1.2	

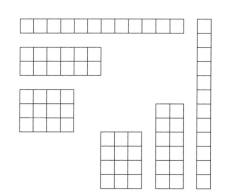

$$x×y=12$$

または

$$y=12÷x$$

2 面積が 16 m² の長方形の、縦と横の関係を表にしましょう。
　表のあいている □ に、あてはまる数をかきましょう。

縦 x(m)	1	2	4	5	8	10	16
横 y(m)	16			3.2			

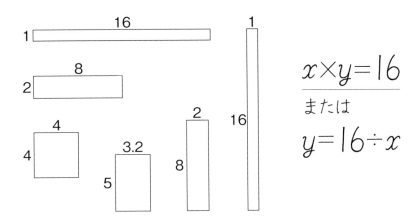

$$x \times y = 16$$
または
$$y = 16 \div x$$

3 面積が 18 m² の長方形の、縦と横の関係を表にしましょう。
　表のあいている □ に、あてはまる数をかきましょう。

縦 x (m)	1	2	3	4	5	6	8	→
横 y (m)			6	4.5	3.6		2.25	

$$x \times y = 18$$
または
$$y = 18 \div x$$

→	9	10	16	18
			1.125	1

◎対応する x と y の値の積はきまった数になります。

..........月.....日

☆　１人が１日に同じだけ仕事をすると、24日かかる仕事があります。この仕事をx人ですると、y日かかります。

① 　xとyの関係を式に表しましょう。

$$x \times y = \boxed{24}$$

1人で24日
x人でy日
$x＝1$のとき
$y＝24$になるから…

② 　①の式を使い、この仕事を４人ですると何日かかるかを求めましょう。

$$\boxed{24} \div \boxed{4} = \boxed{}$$

答え　　　　　　日

1　１人が１日に同じ仕事をすると、30日かかる仕事があります。この仕事をx人ですると、y日かかります。

① 　xとyの関係を式に表しましょう。

$$x \times y = \boxed{}$$

② 　10日で仕上げるには、何人必要ですか。

式　$\boxed{30} \div \boxed{} = \boxed{}$　　答え　　　　　人

③ 　5人ですると何日かかりますか。

式　$\boxed{30} \div \boxed{} = \boxed{}$　　答え　　　　　日

② トラック1台が1時間に同じ仕事をすると、48時間かかる仕事があります。この仕事をx台するとy時間かかります。

① xとyの関係を式に表しましょう。

$$\boxed{} \times y = \boxed{}$$

② トラック4台では、何時間かかりますか。

式 $\boxed{} \div \boxed{} = \boxed{}$　　答え ＿＿＿＿＿＿ 時間

③ 6時間でするには、トラックは何台必要ですか。

式 $\boxed{} \div \boxed{} = \boxed{}$　　答え ＿＿＿＿＿＿ 台

③ 60mの針金(はりがね)をx等分すると、1本の長さはymです。

① xとyの関係を式に表しましょう。

$$x \times \boxed{} = \boxed{}$$

② 10等分すると、1本は何mですか。

式 $\boxed{} \div \boxed{10} = \boxed{}$　　答え ＿＿＿＿＿＿ m

③ 1本3mにすると、何本とれますか。

式 $\boxed{} \div \boxed{3} = \boxed{}$　　答え ＿＿＿＿＿＿ 本

反比例の問題 ③
名前

☆　縦4cm、横6cmの長方形があります。この長方形と同じ面積で、縦3cmの長方形の横は何cmですか。

式　$\boxed{4} \times \boxed{6} = \boxed{24}$

$\boxed{24} \div \boxed{3} = \boxed{}$

答え _____ cm

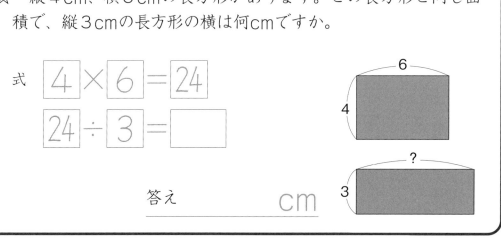

1　1辺が6mの正方形の花だんがあります。この花だんと同じ面積で、縦9mの長方形の花だんの横は何mですか。

式　$\boxed{6} \times \boxed{6} = \boxed{}$

$\boxed{} \div \boxed{9} = \boxed{}$

答え _____ m

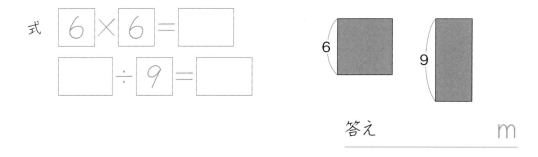

2　底辺8m、高さ3mの三角形と同じ面積で底辺6mの三角形の高さは何mですか。

式　$\boxed{8} \times \boxed{3} \div \boxed{2} = \boxed{}$

$\boxed{} \times \boxed{2} \div \boxed{} = \boxed{}$

答え _____ m

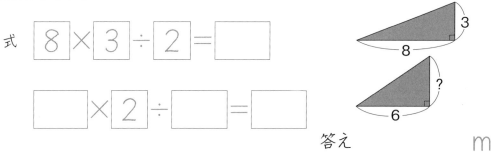

☆ 分速150mで、4分かかる道のりを、分速200mで走ると、何分かかりますか。

式 | 150 | × | 4 | = | 600 |

| 600 | ÷ | 200 | = | |

分速150m

分速200m

答え _____ 分

3 時速48kmで、2時間かかる道のりを時速32kmで走ると、何時間かかりますか。

式 | 48 | × | 2 | = | |

| | ÷ | 32 | = | |

時速48km

時速32km

答え _____ 時間

4 秒速18mの犬が30秒で走る道のりを、秒速12mの馬は、何秒で走りますか。（電たく使用）

式 | 18 | × | | = | |

| | ÷ | | = | |

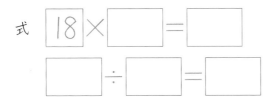
秒速18m

秒速12m

答え _____ 秒

1 底辺の長さが x cm、高さが y cm、面積が 60 cm² の平行四辺形があります。次の問いに答えましょう。

① x と y の関係を式に表しましょう。　　　　　　　　　　　　　　（10点）

式　□ × □ = □

② この平行四辺形と同じ面積で、高さが 5 cm の平行四辺形の底面の長さは何cmですか。　　　　　　　　　　　　（式10点, 答え5点）

式　x × □ = □

　　x = □ ÷ □

　　　= □

答え　　　　　　　　cm

③ この平行四辺形と同じ面積で、底面の長さが 10 cm の平行四辺形の高さは何cmですか。　　　　　　　　　　（式10点, 答え5点）

式　□ ÷ □ = □

答え　　　　　　　　cm

2 自転車で学校へ行きます。次の問いに答えましょう。

（式各10点，答え各10点）

① 自転車の分速200ｍでこぐと、学校へ着くのに15分かかりました。学校までのきょりは、何ｍですか。

式 ▢ × ▢ = ▢

答え ＿＿＿＿＿ m

② 分速300ｍでこぐと、何分で学校につきますか。

式 ▢ ÷ ▢ = ▢

答え ＿＿＿＿＿ 分

③ 20分かけて学校についたとき、分速は何ｍですか。

式 ▢ ÷ ▢ = ▢

答え 分速 ＿＿＿＿＿ m

円の面積 ①

名前

☆ ■の面積は何cm²ですか。円周率は3.14。（電たく使用）

・大きい円の面積から、小さい円の面積をひく。

大きい円

式 $\boxed{10} \times \boxed{10} \times \boxed{3.14} = \boxed{314}$

小さい円

$\boxed{5} \times \boxed{5} \times \boxed{3.14} = \boxed{78.5}$

$\boxed{314} - \boxed{78.5} = \boxed{}$

答え　　　　cm²

1 ■の面積は何cm²ですか。円周率は3.14。（電たく使用）

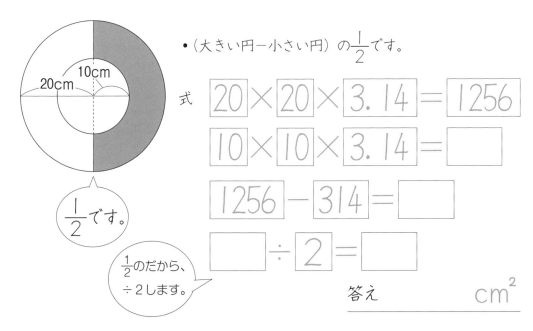

・（大きい円ー小さい円）の $\frac{1}{2}$ です。

式 $\boxed{20} \times \boxed{20} \times \boxed{3.14} = \boxed{1256}$

$\boxed{10} \times \boxed{10} \times \boxed{3.14} = \boxed{}$

$\boxed{1256} - \boxed{314} = \boxed{}$

$\boxed{} \div \boxed{2} = \boxed{}$

$\frac{1}{2}$です。

$\frac{1}{2}$のだから、÷2します。

答え　　　　cm²

2 ▭の面積は何m²ですか。円周率は3として。（電たく使用）

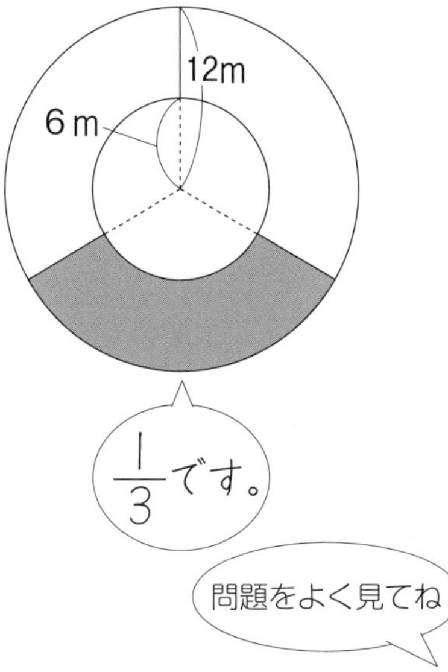

式 12 × 12 × 3 ＝ 432

6 × 6 × □ ＝ □

□ − □ ＝ □

□ ÷ □ ＝ □

答え　　　　　m²

3 ▭の面積は何m²ですか。円周率は3として。（電たく使用）

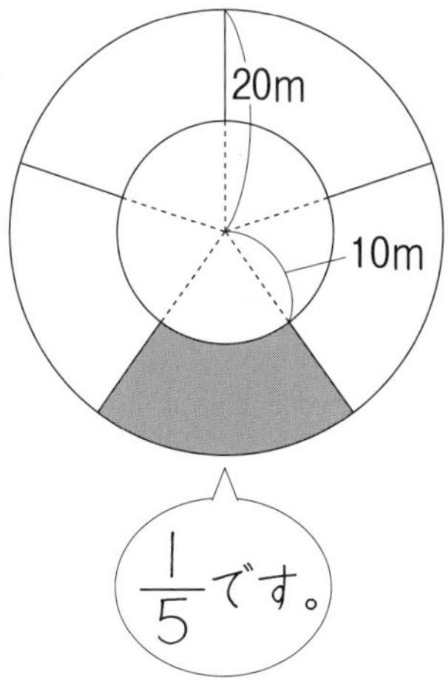

式 20 × 20 × 3 ＝ □

10 × 10 × □ ＝ □

□ − □ ＝ □

□ ÷ □ ＝ □

答え　　　　　m²

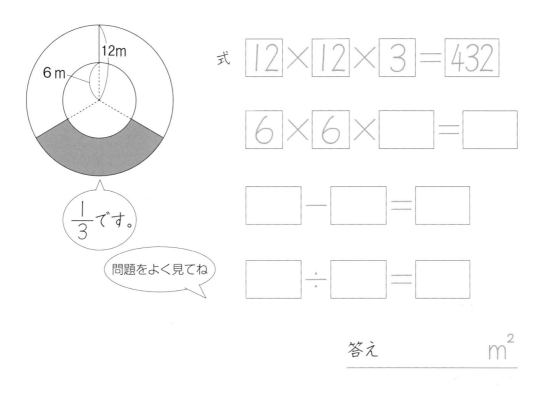

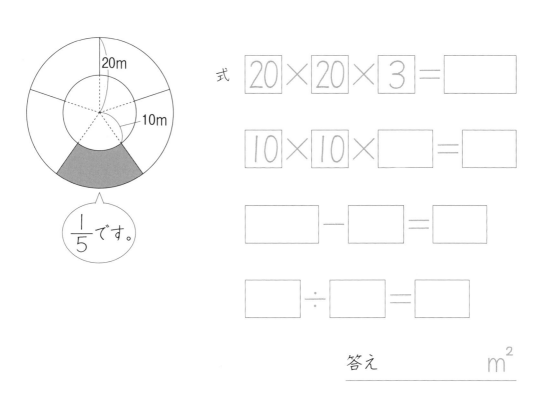

円の面積 ②

名前

☆　太い線で囲まれた図形の面積を求めましょう。

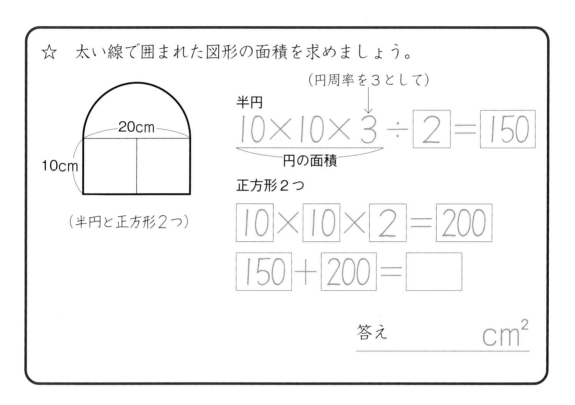

（円周率を３として）

半円
$$10 \times 10 \times 3 \div 2 = 150$$
円の面積

正方形２つ
$$10 \times 10 \times 2 = 200$$

$$150 + 200 = \boxed{}$$

答え　　　　　　　cm²

1　太い線で囲まれた図形の面積を求めましょう。

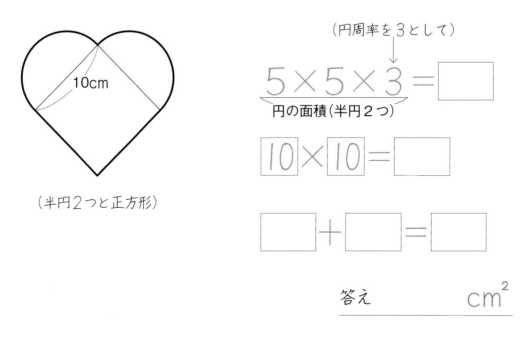

（半円２つと正方形）

（円周率を３として）

$$5 \times 5 \times 3 = \boxed{}$$
円の面積（半円２つ）

$$10 \times 10 = \boxed{}$$

$$\boxed{} + \boxed{} = \boxed{}$$

答え　　　　　　cm²

84

2 太い線で囲まれた図形の面積を求めましょう。

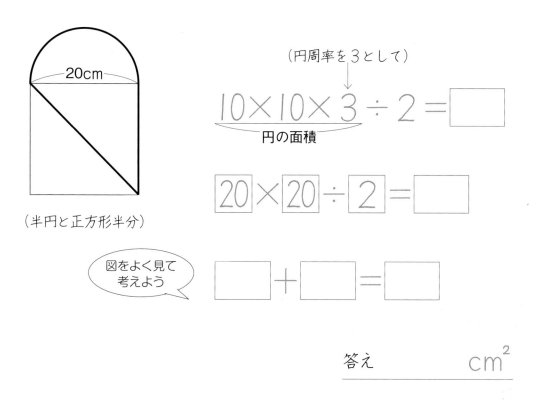

20cm

（半円と正方形半分）

（円周率を３として）

$$10 \times 10 \times 3 \div 2 = \boxed{}$$
円の面積

$$\boxed{20} \times \boxed{20} \div \boxed{2} = \boxed{}$$

図をよく見て
考えよう

$$\boxed{} + \boxed{} = \boxed{}$$

答え _____ cm²

3 太い線で囲まれた図形の面積を求めましょう。

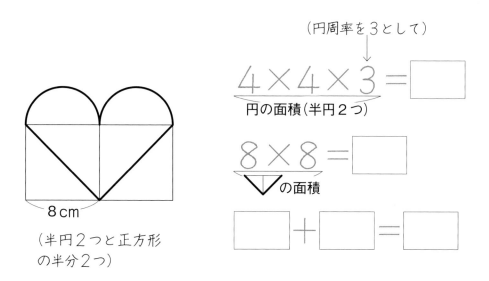

8 cm

（半円２つと正方形
の半分２つ）

（円周率を３として）

$$4 \times 4 \times 3 = \boxed{}$$
円の面積（半円２つ）

$$8 \times 8 = \boxed{}$$
▽の面積

$$\boxed{} + \boxed{} = \boxed{}$$

答え _____ cm²

名前

........月.......日

☆　太い線で囲まれた図形の面積を求めましょう。
（円周率を３として）

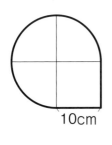

（円の半径と正方形の
　１辺は同じ長さ）

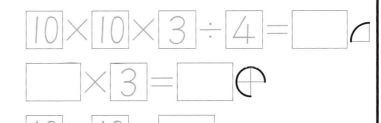

$10 \times 10 \times 3 \div 4 = \boxed{}$

$\boxed{} \times 3 = \boxed{}$

$10 \times 10 = \boxed{}$

$\boxed{} + \boxed{} = \boxed{}$

答え　　　　　　cm²

1　太い線で囲まれた図形の面積を求めましょう。
（円周率を３として）

8 cm

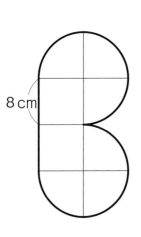

（円の半径と正方形の
　１辺は同じ長さ）

$8 \times 8 \times 3 \div 4 = \boxed{}$

$\boxed{} \times 6 = \boxed{}$

$8 \times 8 \times 2 = \boxed{}$

$\boxed{} + \boxed{} = \boxed{}$

答え　　　　　　cm²

2 太い線で囲まれた図形の面積を求めましょう。
（円周率を３として）

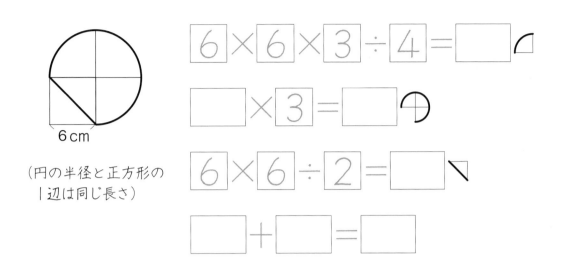

（円の半径と正方形の
　１辺は同じ長さ）

$6 \times 6 \times 3 \div 4 = \boxed{}$

$\boxed{} \times 3 = \boxed{}$

$6 \times 6 \div 2 = \boxed{}$

$\boxed{} + \boxed{} = \boxed{}$

答え ＿＿＿＿＿＿ cm^2

3 太い線で囲まれた図形の面積を求めましょう。
（円周率を３として）

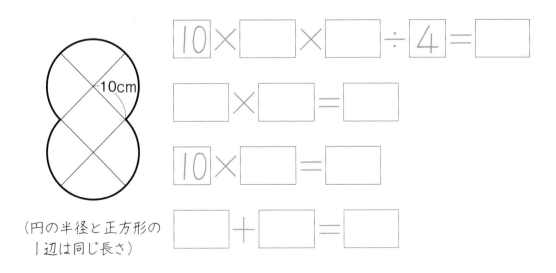

（円の半径と正方形の
　１辺は同じ長さ）

$10 \times \boxed{} \times \boxed{} \div 4 = \boxed{}$

$\boxed{} \times \boxed{} = \boxed{}$

$10 \times \boxed{} = \boxed{}$

$\boxed{} + \boxed{} = \boxed{}$

答え ＿＿＿＿＿＿ cm^2

1　▨の部分の面積を求めましょう。（円周率は 3.14）

（式各10点，答え各10点）

①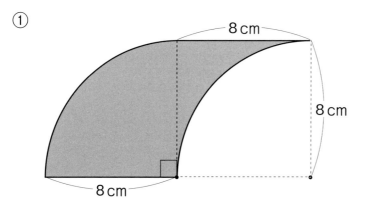

8 cm

8 cm

8 cm

式

答え　　　　　　 cm²

②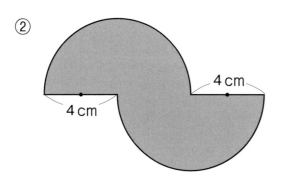

4 cm

4 cm

式

答え　　　　　　 cm²

2 ▢ ■■■ の部分の面積を求めましょう。（円周率を 3.14 とします。）

（式各10点，答え各10点）

①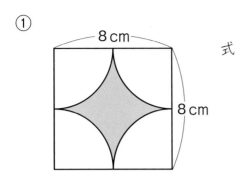

式

答え _____ cm²

②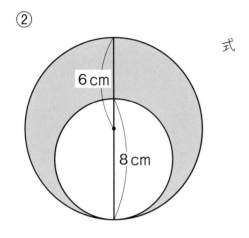

式

答え _____ cm²

③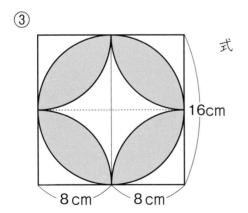

式

答え _____ cm²

場合の数 ①

☆ 1 2 3 の3枚のカードを並べて、3けたの整数をつくります。できる3けたの整数を全部かきましょう。

百の位	十の位	一の位		百の位	十の位	一の位	
1	2	3		1	3	2	1が百の位
	123				132		
2	1	3		2			2が百の位
	213				2		
	1						3が百の位
	3				___		

6通り

1 A B C の3枚のカードを並べて、続き3文字をつくります。できる3文字を全部かきましょう。

1字目	2字目	3字目		1字目	2字目	3字目	
A	B	C		A	C		1字目はA
	ABC				AC		
B	A			B	C		1字目はB
	BA				BC		
C							1字目はC
	C				___		

6通り

2　0．1．2．3を並べて、4数字の番号をつくります。
　　0が1番目にある4数字の番号を全部かきましょう。

　　0が1番目にくるのは6通り。1番目にくる数字は4つ。
　　だから、6×4＝24　全部で24通りできます。

3　A．B．C．Dの4字を並べて、4文字をつくります。
　　Aが1字目にある4文字を全部かきましょう。

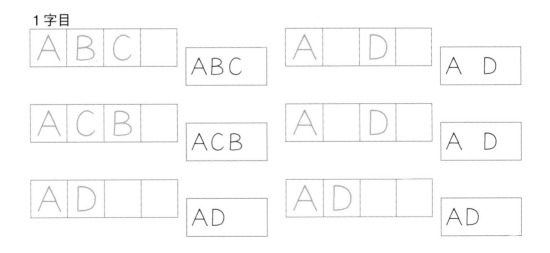

　　Aが1字目は　6通り。
　　1字目は4字あるから　6×4＝24　24通り。

場合の数 ②

名前

☆　下の旗に、赤、黄、青をぬって、全部ちがう旗をつくりましょう。（場合の数①と同じです。）

| 赤 | 黄 | |

| 赤 | 青 | |

・

| 黄 | 赤 | |

| 黄 | | |

・

| 青 | 赤 | |

| 青 | | |

・

全部で

6通り

1　下の旗に、赤、黄、青をぬって、全部ちがう旗をつくりましょう。

赤	黄

赤	青

・

黄	赤

黄	

・

青	

青	

・

全部で

通り

② 下の図に、赤、黄、青、緑をぬって模様をつくりましょう。
　赤が左はしにある模様を全部ぬり分けましょう。

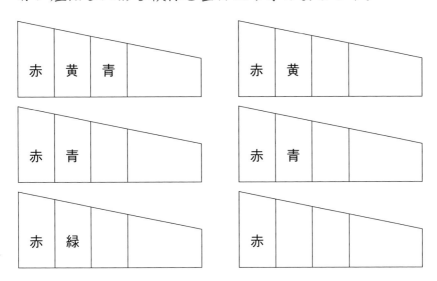

　赤が左はしのとき、6通りあるので4色すべてでは何通りでしょう。

　　　　　　　　　　　　　　　　　　　　通り

③ 下の図に、赤、黄、青、緑をぬって模様をつくります。
　赤をきめて、残りの色をぬりましょう。

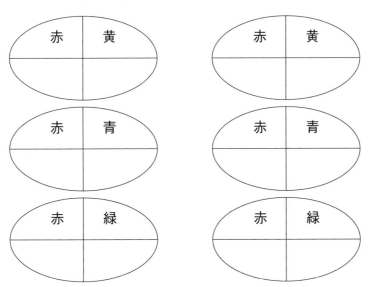

　赤が左上のとき、6通りあるので4色すべてでは何通りでしょう。

　　　　　　　　　　　　　　　　　　　　通り

場合の数 ③

名前

☆ A．B．C．D の野球チームがあります。対戦の組み合わせ
は、何通りあるか調べましょう。

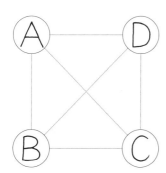

A 対 B　A 対 C

A 対 D　B 対 C

B 対 D　C 対 D

_____ 通り

1 りんご、みかん、なし、かき、バナナの5種類から、2種類を選
ぶ組み合わせは、何通りあるか調べましょう。

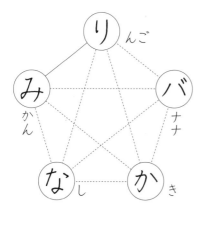

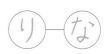

_____ 通り

94

② 1円、5円、10円、50円が各1個あります。これから2個を取り出した合計の金額を、全部かきましょう。

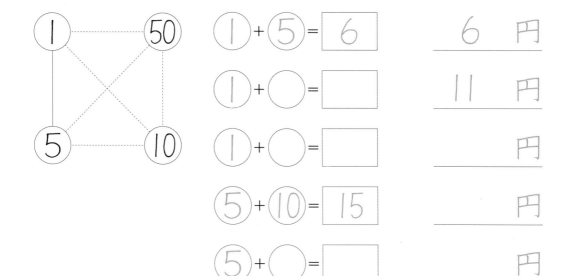

①+⑤= 6　　6 円

①+○=　　11 円

①+○=　　　円

⑤+⑩= 15　　円

⑤+○=　　　円

○+○=　　　円

③ 1円、5円、10円、50円、100円が各1個あります。これから2個を取り出した合計の金額を、全部かきましょう。

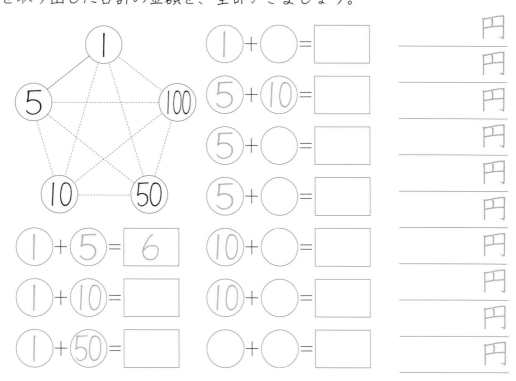

①+○=　　円

⑤+⑩=　　円

⑤+○=　　円

⑤+○=　　円

⑩+○=　　円

⑩+○=　　円

○+○=　　円

①+⑤= 6

①+⑩=

①+㊿=

場合の数 ④

名前

........月....日

☆ A．B．C．D の野球チームの対戦の組み合わせを、表にして調べましょう。（○と○が対戦）

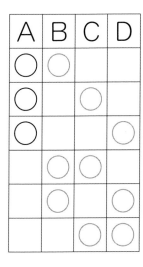

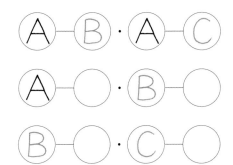

_____ 通り

1 りす・うさぎ・やぎ・しか・ひつじの5種類から、2種類を選ぶ組み合わせは、全部で何通りあるか調べましょう。

（○をつけていく）

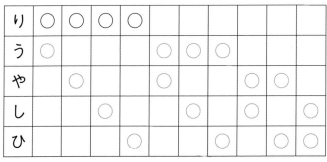

_____ 通り

2　1円、5円、10円、50円が各1個あります。これから2個を取り出した合計の金額を、□にかきましょう。

1	5	10	50
○	○		
○		○	
○			○
	○	○	
	○		○
		○	○

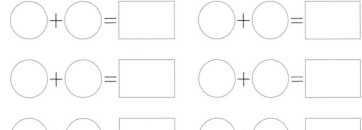

3　1円、5円、10円、50円、500円が各1個あります。これから2個を取り出した合計の金額を、□にかきましょう。

1	○	○	○	○						
5	○				○	○	○			
10		○			○			○	○	
50			○			○		○		○
500				○			○		○	○

○ + ○ = □　　　　○ + ○ = □

○ + ○ = □　　　　○ + ○ = □

○ + ○ = □　　　　○ + ○ = □

○ + ○ = □　　　　○ + ○ = □

○ + ○ = □　　　　○ + ○ = □

1　りおさん、かえでさん、みつきさんの3人でリレーのチームを組みます。3人の走る順番は何通りあるか答えましょう。　　　　　　(25点)

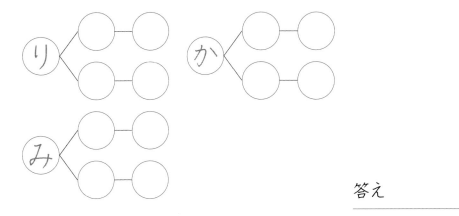

答え　　　　　　　　通り

2　1，2，3，4の数字のカードが1枚ずつあります。
　　このカードで4けたの数字を作ります。何通りの整数ができるか答えましょう。　　　　　　(25点)

答え　　　　　　　　通り

3 100円玉を続けて3回投げます。このとき、表と裏の出方は全部で何通りあるか答えましょう。 (25点)

答え　　　　　　通り

4 100円玉、50円玉、10円玉、5円玉が1枚あります。このうち2枚を組み合わせてできる金額が全部で何通りあるか答えましょう。 (25点)

答え　　　　　　通り

分数と小数のかけ算・わり算　名前

☆　Aの畑は、たて $\frac{3}{5}$ km、横 $\frac{7}{9}$ kmです。

　　Bの畑は、Aの畑の0.6倍です。
　　Bの畑は何km²ですか。

式　$\dfrac{3}{5} \times \dfrac{7}{9} \times \boxed{0.6} = \dfrac{\square}{\square} \times \dfrac{\square}{\square} \times \dfrac{\square}{\square}$

$= \dfrac{\square \times \square \times \square}{\square \times \square \times \square}$

$= \dfrac{\square}{\square}$　　答え　　　　　km²

1　Aの花だんは、たて $4\frac{1}{2}$ m、横 $5\frac{1}{9}$ mです。

　　Aの花だんの面積は、Bの花だんの面積の0.4倍にあたります。
　　Bの花だんの面積は何m²ですか。

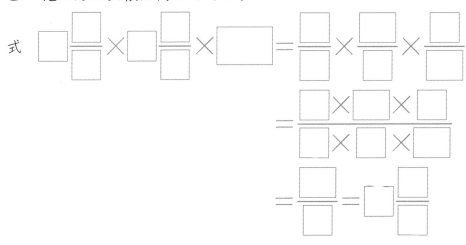

答え　　　　　m²

☆　Aさんは、$10\frac{1}{2}$kmの道のりを時速4.5kmで歩きます。

　　Aさんのかかった時間は、Bさんの$\frac{4}{9}$倍でした。

　　Bさんが同じ道のりを歩いたときにかかった時間は何時間ですか。

式　$\boxed{10}\dfrac{\boxed{1}}{\boxed{2}} \div \boxed{4.5} \times \dfrac{4}{9} = \dfrac{\square}{\square} \div \dfrac{\square}{\square} \times \dfrac{\square}{\square}$

$= \dfrac{\square \times \square \times \square}{\square \times \square \times \square}$

$= \dfrac{\square}{\square} = \boxed{\square} \dfrac{\square}{\square}$

答え　<u>　　　　時間</u>

1　Cさんは、2.4時間に$3\frac{1}{3}$㎡のかべにペンキをぬります。

　　Cさんが1時間かかってぬれる広さは、Dさんのぬれる広さの$\frac{4}{5}$倍にあたります。

　　Dさんは、1時間で何㎡ぬれますか。

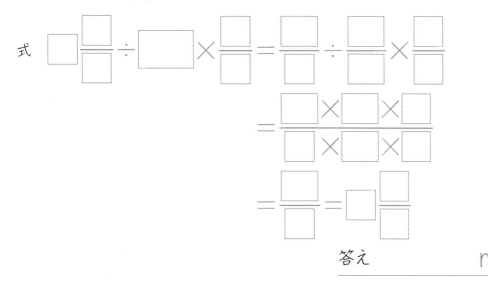

答え　<u>　　　　㎡</u>

101

資料の整理 ①

名前

1　下の表は、1組と2組と3組の男子のソフトボール投げの記録です。

ソフトボール投げ（男子）（m）

番号	1組	2組	3組
1	25	32	24
2	12	23	30
3	28	25	20
4	26	16	28
5	25	19	22
6	27	30	24
7	23	15	26
8	30	32	19
9	27	32	27
10	27	25	23

各組の平均を出しましょう。小数第1位まで求めましょう。

①　1組

式　$(25+12+28+26+25+27+23+30+27+27) \div 10$

= ☐

答え _____

②　2組

式　$(☐+☐+☐+☐+☐+☐+☐+☐+☐+☐) \div ☐$

= ☐

答え _____

③　3組

式　$(☐+☐+☐+☐+☐+☐+☐+☐+☐+☐) \div ☐$

= ☐

答え _____

2 左の表を、数直線に記録し、ドットプロットで表しましょう。
また、各組の最ひん値、中央値を求めましょう。

① 1組

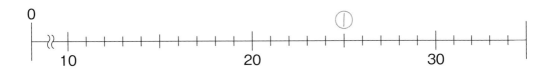

最ひん値　　　　中央値

② 2組

最ひん値　　　　中央値

③ 3組

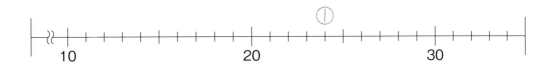

最ひん値　　　　中央値

資料の整理 ②

名前

1　下の表は、1組と2組と3組の男子のソフトボール投げの記録です。

ソフトボール投げ（男子）（m）

番号	1組	2組	3組
1	25	32	24
2	12	23	30
3	28	26	20
4	26	16	28
5	25	19	22
6	27	33	24
7	23	15	26
8	30	32	19
9	27	33	27
10	27	25	23

下の表に1組、2組、3組の記録を整理しましょう。

ソフトボール投げ

きょり（m）	1組（人）	2組（人）	3組（人）
10以上〜15未満	1		
15　　〜20	0		
20　　〜25	1		
25　　〜30	7		
30　　〜35	1		
合計	10		

2　左の「ソフトボール投げ」の記録を見て答えましょう。

①　1組の記録を柱状グラフに表しましょう。

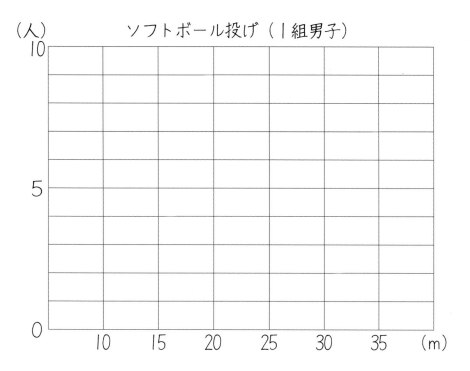

②　2組の記録を柱状グラフに表しましょう。

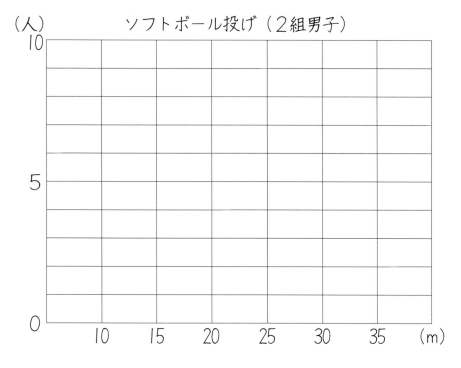

資料の整理 ③　　名前

1　１組の記録をもとに、次の問いに答えましょう。

ソフトボール投げ

きょり (m)	１組(人)
10以上～15未満	1
15　～20	0
20　～25	1
25　～30	7
30　～35	2
35　～40	1
合　　計	12

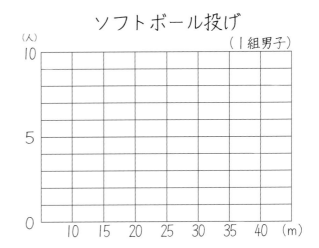

ソフトボール投げ

① 柱状グラフをかきましょう。

② みきさんは、3番目に遠くまで投げました。
　みきさんの記録は、どのはん囲ですか。

（　30 m以上～　35 m未満）

③ とおるさんは、2番目に短い記録でした。
　とおるさんの記録はどのはん囲ですか。

（　　　m以上～　　　m未満）

106

② 2組の記録をもとに、次の問いに答えましょう。

ソフトボール投げ

きょり (m)	2組(人)
10以上〜15未満	0
15　〜20	2
20　〜25	2
25　〜30	2
30　〜35	4
35　〜40	1
合　　計	11

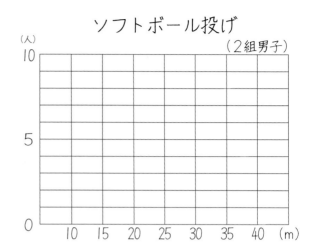

ソフトボール投げ

① 柱状グラフをかきましょう。

② けんとさんは、6番目に遠くに投げました。
けんとさんの記録は、どのはん囲ですか。

（　　　　m以上〜　　　　m未満）

③ ちなつさんは、4番目に短い記録でした。
ちなつさんの記録は、どのはん囲ですか。

（　　　　m以上〜　　　　m未満）

④ いちばん多いのは、どのはん囲ですか。

（　　　　m以上〜　　　　m未満）

拡大と縮小 ①

名前

1 25mプールの縮図をかきました。

25m

① この縮図の縮尺を求めましょう。

25(mm) ： 25(m) ＝ 25(mm)：[   ](mm)
(縮図上の長さ)(実際の長さ)

＝ 1 ： [   ]

答え _____

② このプールの実際の縦の長さを求めましょう。

10(mm) × [   ] ＝ [   ](mm)
(縮図上の長さ)

＝ [   ](m)

答え _____ m

2 地図に、図で縮尺が表されていました。

0   1   2
(km)

① この地図の縮尺を求めましょう。

2(cm) ： 2(km) ＝ [   ](cm) ： [   ](cm)
(縮図上の長さ)(実際の長さ)

＝ 1 ： [   ]

答え _____

② この地図の1cmは、実際には何kmになりますか。

式

答え _____ km

③ 実際の長さが5kmのとき、縮尺が$\frac{1}{50000}$の地図上では何cmで表されますか。

式　□km＝□m＝□cm

　　□×$\frac{1}{□}$＝□(cm)

答え　　　　　　cm

④ 縮尺が$\frac{1}{10000}$の地図で4cmの長さのとき、実際の長さは何mになりますか。

式　□÷$\frac{1}{□}$＝□×□

　　　　　　　＝□(cm)

　　　　　　　＝□(m)

答え　　　　　　m

⑤ 縮尺が$\frac{1}{3000000}$の地図で1cmの長さのとき、実際の長さは何mになりますか。

式　□÷$\frac{1}{□}$＝□(cm)

　　　　　　　＝□(m)

答え　　　　　　m

拡大と縮小 ②

名前

1 実際の長さが200mで、地図上の長さが4cmのとき、この地図の縮尺を求めましょう。

式 　□ ÷ 　□ 　＝ 　$\dfrac{1}{\boxed{}}$

答え _____

2 実際の長さが500mで、地図上の長さが5cmのとき、この地図の縮尺を求めましょう。

式 　□ ÷ 　□ 　＝ 　$\dfrac{1}{\boxed{}}$

答え _____

3 実際の長さが3kmで、地図上の長さが3cmのとき、この地図の縮尺を求めましょう。

式 　□ ÷ 　□ 　＝ 　$\dfrac{1}{\boxed{}}$

答え _____

4 $\frac{1}{50000}$ の縮尺の地図で、縦4cm、横3cmの畑があります。

① この畑を1周すると何kmになりますか。

式

答え _____

② この畑の面積は、何km²になりますか。

式

答え _____

答　え

分からない数を x として考える問題です。

x を求めるために、問題文をよく読んで式をたてることが大切です。

P．4、5　文字を使った式①

☆　式　　$x + 5 = 13$

　　　　　$x = 13 - 5$

　　　　　$x = 8$

　　　　　　　　　　答え　8個

① 　式　　$x + 5 = 15$

　　　　　$x = 15 - 5$

　　　　　$x = 10$

　　　　　　　　　　答え　10枚

② 　式　　$x + 15 = 20$

　　　　　$x = 20 - 15$

　　　　　$x = 5$

　　　　　　　　　　答え　5 L

③ 　式　　$x + 1.2 = 6.7$

　　　　　$x = 6.7 - 1.2$

　　　　　$x = 5.5$

　　　　　　　　　　答え　5.5kg

P．6、7　文字を使った式②

☆　式　　$35 + x = 50$

　　　　　$x = 50 - 35$

　　　　　$x = 15$

　　　　　　　　　　答え　15枚

① 　式　　$43 + x = 50$

　　　　　$x = 50 - 43$

　　　　　$x = 7$

　　　　　　　　　　答え　7冊

② 　式　　$23 + x = 33$

　　　　　$x = 33 - 23$

　　　　　$x = 10$

　　　　　　　　　　答え　10枚

③ 　式　　$40 + x = 70$

　　　　　$x = 70 - 40$

　　　　　$x = 30$

　　　　　　　　　　答え　30個

P．8、9　文字を使った式③

☆　式　　$x - 7 = 23$

　　　　　$x = 23 + 7$

　　　　　$x = 30$

　　　　　　　　　　答え　30個

① 　式　　$x - 6 = 14$

　　　　　$x = 14 + 6$

　　　　　$x = 20$

　　　　　　　　　　答え　20個

② 　式　　$x - 4 = 6$

　　　　　$x = 6 + 4$

　　　　　$x = 10$

　　　　　　　　　　答え　10dL

③ 　式　　$x - 2 = 8$

　　　　　$x = 8 + 2$

　　　　　$x = 10$

　　　　　　　　　　答え　10dL

P．10、11　文字を使った式④

☆　式　　$20 - x = 12$

　　　　　$x = 20 - 12$

　　　　　$x = 8$

　　　　　　　　　　答え　8個

1　式　　$25 - x = 10$

　　　　　$x = 25 - 10$

　　　　　$x = 15$

　　　　　　　　　　答え　15個

2　式　　$70 - x = 40$

　　　　　$x = 70 - 40$

　　　　　$x = 30$

　　　　　　　　　　答え　30cm

3　式　　$50 - x = 20$

　　　　　$x = 50 - 20$

　　　　　$x = 30$

　　　　　　　　　　答え　30m

P．12、13　文字を使った式⑤

☆　式　　$x \times 5 = 400$

　　　　　$x = 400 \div 5$

　　　　　$x = 80$

　　　　　　　　　　答え　80円

1　式　　$x \times 5 = 600$

　　　　　$x = 600 \div 5$

　　　　　$x = 120$

　　　　　　　　　　答え　120円

2　式　　$x \times 6 = 30$

　　　　　$x = 30 \div 6$

　　　　　$x = 5$

　　　　　　　　　　答え　5dL

3　式　　$x \times 6 = 240$

　　　　　$x = 240 \div 6$

　　　　　$x = 40$

　　　　　　　　　　答え　40g

P．14、15　文字を使った式⑥

☆　式　　$4 \times x = 24$

　　　　　$x = 24 \div 4$

　　　　　$x = 6$

　　　　　　　　　　答え　6個

1　式　　$3 \times x = 24$

　　　　　$x = 24 \div 3$

　　　　　$x = 8$

　　　　　　　　　　答え　8個

2　式　　$x \times 4 = 60$

　　　　　$x = 60 \div 4$

　　　　　$x = 15$

　　　　　　　　　　答え　15cm

3　式　　$x \times 4 = 100$

　　　　　$x = 100 \div 4$

　　　　　$x = 25$

　　　　　　　　　　答え　25m

P．16、17　文字を使った式⑦

☆　式　　$x \div 20 = 4$

　　　　　$x = 4 \times 20$

　　　　　$x = 80$

　　　　　　　　　　答え　80㎡

1　式　　$x \div 40 = 5$

　　　　　$x = 5 \times 40$

　　　　　$x = 200$

　　　　　　　　　　答え　200cm

2　式　　$x \div 50 = 6$

　　　　　$x = 6 \times 50$

　　　　　$x = 300$

　　　　　　　　　　答え　300g

③ 式　　$x \div 2 = 10$

　　　　$x = 10 \times 2$

　　　　$x = 20$

答え　20dL

③ 式　　$x \times 5 = 30$

　　　　$x = 30 \div 5$

　　　　$x = 6$

答え　6cm

P.18、19　文字を使った式⑧

☆　式　　$200 \div x = 10$

　　　　$x = 200 \div 10$

　　　　$x = 20$

答え　20個

1 式　　$40 \div x = 10$

　　　　$x = 40 \div 10$

　　　　$x = 4$

答え　4個

2 式　　$200 \div x = 5$

　　　　$x = 200 \div 5$

　　　　$x = 40$

答え　40g

3 式　　$350 \div x = 5$

　　　　$x = 350 \div 5$

　　　　$x = 70$

答え　70mL

P.20、21　文字を使った式⑨

☆　① 式　　$40 \times x = y$

　　② 式　　$40 \times 5 = 200$

答え　200円

　　③ 式　　$40 \times x = 240$

　　　　　$x = 240 \div 40$

　　　　　$x = 6$

答え　6個

1 ① 式　　$x \times 5 = y$

　② 式　　$4 \times 5 = 20$

答え　20cm²

P.22、23　文字を使った式⑩

☆　① 式　　$x \times 4 = y$

　　② 式　　$6 \times 4 = 24$

答え　24cm

　　③ 式　　$x \times 4 = 48$

　　　　　$x = 48 \div 4$

　　　　　$x = 12$

答え　12cm

1 ① 式　　$x \times 5 = y$

　② 式　　$6 \times 5 = 30$

答え　30cm

　③ 式　　$x \times 5 = 45$

　　　　　$x = 45 \div 5$

　　　　　$x = 9$

答え　9cm

P.24、25　文字を使った式 まとめ

1 ① 式　　$x \times 4.5 = 67.5$

　② 式　　$x = 67.5 \div 4.5$

　　　　　$= 15$

答え　15g

2 ① 式　　$x \times 3 = 4.8$

　② 式　　$4.8 \div 3 = 1.6$

答え　1.6kg

3 式 $x \times 6 = 420$

$x = 420 \div 6$

$= 70$

答え　70円

4 式 $x - 50 = 70$

$x = 70 + 50$

$= 120$

答え　120cm

5 式 $30 \times x + 150 = 300$

$30 \times x = 300 - 150$

$x = 150 \div 30$

$x = 5$

答え　5個

分数の問題です。
通分・約分に気をつけて問題を解きましょう。

P．26、27　分数のかけ算①

☆ 式 $5 \times \dfrac{2}{7} = \dfrac{5 \times 2}{1 \times 7}$

$= \dfrac{10}{7}$

答え　$\dfrac{10}{7}$m²

1 式 $4 \times \dfrac{2}{5} = \dfrac{4 \times 2}{1 \times 5}$

$= \dfrac{8}{5}$

答え　$\dfrac{8}{5}$L

2 式 $4 \times \dfrac{3}{4} = \dfrac{\overset{1}{4} \times 3}{1 \times \underset{1}{4}}$

$= \dfrac{3}{1} = 3$

答え　3km

3 式 $2 \times \dfrac{3}{4} = \dfrac{\overset{1}{2} \times 3}{1 \times \underset{2}{4}}$

$= \dfrac{3}{2}$

答え　$\dfrac{3}{2}$L

P．28、29　分数のかけ算②

☆ 式 $\dfrac{1}{4} \times \dfrac{3}{5} = \dfrac{1 \times 3}{4 \times 5}$

$= \dfrac{3}{20}$

答え　$\dfrac{3}{20}$kg

1 式 $\dfrac{4}{5} \times \dfrac{3}{5} = \dfrac{4 \times 3}{5 \times 5}$

$= \dfrac{12}{25}$

答え　$\dfrac{12}{25}$L

2 式 $\dfrac{6}{5} \times \dfrac{2}{5} = \dfrac{6 \times 2}{5 \times 5}$

$= \dfrac{12}{25}$

答え　$\dfrac{12}{25}$kg

3 式 $\dfrac{4}{5} \times \dfrac{4}{3} = \dfrac{4 \times 4}{5 \times 3}$

$= \dfrac{16}{15}$

答え　$\dfrac{16}{15}$m

P．30、31　分数のかけ算③

☆ 式 $\dfrac{4}{5} \times \dfrac{3}{4} = \dfrac{\overset{1}{4} \times 3}{5 \times \underset{1}{4}}$

$= \dfrac{3}{5}$

答え　$\dfrac{3}{5}$L

1 式 $\dfrac{5}{6} \times \dfrac{3}{4} = \dfrac{5 \times \overset{1}{3}}{\underset{2}{6} \times 4}$

$= \dfrac{5}{8}$

答え　$\dfrac{5}{8}$m²

2 式 $\dfrac{8}{7} \times \dfrac{9}{4} = \dfrac{\overset{2}{8} \times 9}{7 \times \underset{1}{4}}$

$= \dfrac{18}{7}$

答え　$\dfrac{18}{7}$kg

③ 式　$\dfrac{8}{9} \times \dfrac{3}{5} = \dfrac{8 \times \overset{1}{\cancel{3}}}{\underset{3}{\cancel{9}} \times 5}$

　　　　$= \dfrac{8}{15}$

答え　$\dfrac{8}{15}$kg

P. 32、33　分数のかけ算④

☆　式　$\dfrac{4}{3} \times \dfrac{9}{8} = \dfrac{\overset{1}{\cancel{4}} \times \overset{3}{\cancel{9}}}{\underset{1}{\cancel{3}} \times \underset{2}{\cancel{8}}}$

　　　　$= \dfrac{3}{2}$

答え　$\dfrac{3}{2}$kg

① 式　$\dfrac{5}{6} \times \dfrac{9}{10} = \dfrac{\overset{1}{\cancel{5}} \times \overset{3}{\cancel{9}}}{\underset{2}{\cancel{6}} \times \underset{2}{\cancel{10}}}$

　　　　$= \dfrac{3}{4}$

答え　$\dfrac{3}{4}$m

② 式　$\dfrac{20}{7} \times \dfrac{14}{15} = \dfrac{\overset{4}{\cancel{20}} \times \overset{2}{\cancel{14}}}{\cancel{7} \times \underset{3}{\cancel{15}}}$

　　　　$= \dfrac{8}{3}$

答え　$\dfrac{8}{3}$L

③ 式　$\dfrac{16}{15} \times \dfrac{9}{8} = \dfrac{\overset{2}{\cancel{16}} \times \overset{3}{\cancel{9}}}{\underset{5}{\cancel{15}} \times \underset{1}{\cancel{8}}}$

　　　　$= \dfrac{6}{5}$

答え　$\dfrac{6}{5}$m²

P. 34、35　分数のかけ算⑤

☆　式　$\dfrac{9}{8} \times \dfrac{14}{15} = \dfrac{\overset{3}{\cancel{9}} \times \overset{7}{\cancel{14}}}{\underset{4}{\cancel{8}} \times \underset{5}{\cancel{15}}}$

　　　　$= \dfrac{21}{20}$

答え　$\dfrac{21}{20}$m²

① 式　$\dfrac{20}{9} \times \dfrac{15}{8} = \dfrac{\overset{5}{\cancel{20}} \times \overset{5}{\cancel{15}}}{\cancel{9} \times \underset{2}{\cancel{8}}}$

　　　　$= \dfrac{25}{6}$

答え　$\dfrac{25}{6}$m²

② 式　$\dfrac{21}{10} \times \dfrac{25}{6} = \dfrac{\overset{7}{\cancel{21}} \times \overset{5}{\cancel{25}}}{\cancel{10} \times \underset{2}{\cancel{6}}}$

　　　　$= \dfrac{35}{4}$

答え　$\dfrac{35}{4}$m²

③ 式　$\dfrac{28}{15} \times \dfrac{25}{8} = \dfrac{\overset{7}{\cancel{28}} \times \overset{5}{\cancel{25}}}{\underset{3}{\cancel{15}} \times \underset{2}{\cancel{8}}}$

　　　　$= \dfrac{35}{6}$

答え　$\dfrac{35}{6}$m²

P. 36、37　分数のかけ算 まとめ

① 式　$\dfrac{4}{5} \times \dfrac{4}{5} = \dfrac{4 \times 4}{5 \times 5} = \dfrac{16}{25}$

答え　$\dfrac{16}{25}$cm²

② 式　$\dfrac{6}{7} \times \dfrac{2}{3} = \dfrac{\overset{2}{\cancel{6}} \times 2}{7 \times \underset{1}{\cancel{3}}} = \dfrac{4}{7}$

答え　$\dfrac{4}{7}$cm²

③ 式　$1200 \times \dfrac{1}{3} = \dfrac{1200 \times 1}{3} = 400$

答え　400g

④ 式　$\dfrac{4}{9} \times \dfrac{3}{8} = \dfrac{\cancel{4} \times \overset{1}{\cancel{3}}}{\underset{3}{\cancel{9}} \times \underset{2}{\cancel{8}}} = \dfrac{1}{6}$

答え　$\dfrac{1}{6}$kg

⑤ 式　$\dfrac{7}{4} \times 1\dfrac{3}{5} = \dfrac{7 \times \overset{2}{\cancel{8}}}{\cancel{4} \times 5}$

　　　　$= \dfrac{14}{5}$

答え　$\dfrac{14}{5}$dL

> 分数のわり算で注意するのは「わる数」です。計算するときに逆数にします。P38☆なら、「$\dfrac{1}{5}$でわる」は、逆数して「$\dfrac{5}{1}$をかける」とします。
>
> 　　$3 \div \dfrac{1}{5} = \dfrac{3 \times 5}{1 \times 1}$

P. 38、39　分数のわり算①

☆　式　$3 \div \dfrac{1}{5} = \dfrac{3 \times 5}{1 \times 1}$

　　　　$= \dfrac{15}{1} = 15$

答え　15個

1 式 $4 \div \dfrac{1}{4} = \dfrac{4 \times 4}{1 \times 1}$

$= \dfrac{16}{1} = 16$

答え　16ふくろ

2 式 $3 \div \dfrac{3}{5} = \dfrac{\cancel{3} \times 5}{1 \times \cancel{3}}$

$= \dfrac{5}{1} = 5$

答え　5個

3 式 $4 \div \dfrac{4}{5} = \dfrac{\cancel{4} \times 5}{1 \times \cancel{4}}$

$= \dfrac{5}{1} = 5$

答え　5ふくろ

P．40、41　分数のわり算②

☆ 式 $\dfrac{5}{7} \div \dfrac{3}{4} = \dfrac{5 \times 4}{7 \times 3}$

$= \dfrac{20}{21}$

答え　$\dfrac{20}{21}$kg

1 式 $\dfrac{8}{7} \div \dfrac{3}{5} = \dfrac{8 \times 5}{7 \times 3}$

$= \dfrac{40}{21}$

答え　$\dfrac{40}{21}$m²

2 式 $\dfrac{6}{7} \div \dfrac{5}{6} = \dfrac{6 \times 6}{7 \times 5}$

$= \dfrac{36}{35}$

答え　$\dfrac{36}{35}$m²

3 式 $\dfrac{5}{7} \div \dfrac{4}{5} = \dfrac{5 \times 5}{7 \times 4}$

$= \dfrac{25}{28}$

答え　$\dfrac{25}{28}$m

P．42、43　分数のわり算③

☆ 式 $\dfrac{3}{4} \div \dfrac{5}{6} = \dfrac{3 \times \overset{3}{\cancel{6}}}{\underset{2}{\cancel{4}} \times 5}$

$= \dfrac{9}{10}$

答え　$\dfrac{9}{10}$m²

1 式 $\dfrac{6}{7} \div \dfrac{4}{5} = \dfrac{\overset{3}{\cancel{6}} \times 5}{7 \times \underset{2}{\cancel{4}}}$

$= \dfrac{15}{14}$

答え　$\dfrac{15}{14}$kg

2 式 $\dfrac{4}{3} \div \dfrac{5}{6} = \dfrac{4 \times \overset{2}{\cancel{6}}}{\underset{1}{\cancel{3}} \times 5}$

$= \dfrac{8}{5}$

答え　$\dfrac{8}{5}$kg

3 式 $\dfrac{8}{5} \div \dfrac{8}{7} = \dfrac{\overset{1}{\cancel{8}} \times 7}{5 \times \underset{1}{\cancel{8}}}$

$= \dfrac{7}{5}$

答え　$\dfrac{7}{5}$kg

P．44、45　分数のわり算④

☆ 式 $\dfrac{14}{3} \div \dfrac{7}{6} = \dfrac{\overset{2}{\cancel{14}} \times \overset{2}{\cancel{6}}}{\underset{1}{\cancel{3}} \times \underset{1}{\cancel{7}}}$

$= \dfrac{4}{1} = 4$

答え　4kg

1 式 $\dfrac{6}{5} \div \dfrac{8}{15} = \dfrac{\overset{3}{\cancel{6}} \times \overset{3}{\cancel{15}}}{\underset{1}{\cancel{5}} \times \underset{4}{\cancel{8}}}$

$= \dfrac{9}{4}$

答え　$\dfrac{9}{4}$m²

2 式 $\dfrac{3}{2} \div \dfrac{15}{8} = \dfrac{\overset{1}{\cancel{3}} \times \overset{4}{\cancel{8}}}{\underset{1}{\cancel{2}} \times \underset{5}{\cancel{15}}}$

$= \dfrac{4}{5}$

答え　$\dfrac{4}{5}$kg

3 式 $\dfrac{14}{3} \div \dfrac{7}{9} = \dfrac{\overset{2}{\cancel{14}} \times \overset{3}{\cancel{9}}}{\underset{1}{\cancel{3}} \times \underset{1}{\cancel{7}}}$

$= \dfrac{6}{1} = 6$

答え　6個

P. 46、47　分数のわり算⑤

☆　式　$\dfrac{21}{10} \div \dfrac{14}{15} = \dfrac{21 \times 15}{10 \times 14} = \dfrac{9}{4}$

答え　$\dfrac{9}{4}$m

1　式　$\dfrac{14}{15} \div \dfrac{21}{20} = \dfrac{14 \times 20}{15 \times 21} = \dfrac{8}{9}$

答え　$\dfrac{8}{9}$m

2　式　$\dfrac{8}{15} \div \dfrac{6}{25} = \dfrac{8 \times 25}{15 \times 6} = \dfrac{20}{9}$

答え　$\dfrac{20}{9}$m

3　式　$\dfrac{10}{9} \div \dfrac{8}{15} = \dfrac{10 \times 15}{9 \times 8} = \dfrac{25}{12}$

答え　$\dfrac{25}{12}$m

P. 48、49　分数のわり算 まとめ

1　式　$\dfrac{8}{9} \div 4 = \dfrac{8 \times 1}{9 \times 4} = \dfrac{2}{9}$

答え　$\dfrac{2}{9}$m²

2　式　$\dfrac{4}{5} \div \dfrac{1}{10} = \dfrac{4 \times 10}{5 \times 1} = 8$

答え　8本

3　式　$\dfrac{1}{3} \div \dfrac{5}{6} = \dfrac{1 \times 6}{3 \times 5} = \dfrac{2}{5}$

答え　$\dfrac{2}{5}$kg

4　式　$60 \div \dfrac{2}{9} = \dfrac{60 \times 9}{2} = 270$

答え　270ページ

5　式　$11 \div 2\dfrac{1}{5} = \dfrac{N \times 5}{N} = 5$

答え　5 cm

割合（倍）を扱う問題です。
「割合（倍）」
「もとにする量」
「比べられる量」
を押さえて考えましょう。
「割合」でも4マス表は有効です。

P. 50、51　倍と割合①

☆　式　$24 \div 20 = 1.2$

答え　1.2倍

1　式　$24 \div 18 = \dfrac{24}{18} = \dfrac{4}{3}$

答え　$\dfrac{4}{3}$倍

2　式　$45 \div 50 = 0.9$

答え　0.9倍

3　式　$50 \div 45 = \dfrac{50}{45} = \dfrac{10}{9}$

答え　$\dfrac{10}{9}$倍

P. 52、53　倍と割合②

☆　式　$25 \times 1.2 = 30$

答え　30m

1　式　$24 \times \dfrac{5}{4} = 30$

答え　30m

2　式　$50 \times 0.8 = 40$

答え　40人

3　式　$45 \times \dfrac{6}{5} = 54$

答え　54人

比を求める問題です。

P55☆ 6 m と 8 m はどちらも 2 で われるので、「3：4」と表します。「比を簡単にする」といいます。

P56☆ 「3：5 ＝ 6：10」のように前の数字と後の数字に同じ数をかけて考えることもあります。

P.54、55 比の問題①

☆ 答え 4：5

1 答え 4：7

2 答え 11：16

☆ 6：8 ＝ 3：4

答え 3：4

3 12：8 ＝ 3：2

答え 3：2

4 25：15 ＝ 5：3

答え 5：3

P.56、57 比の問題②

☆ ① 3：5 ＝ 6：[10]

② 5：4 ＝ 15：[12]

③ 5：7 ＝ [10]：14

④ 12：21 ＝ 4：[7]

⑤ 20：24 ＝ [5]：6

1 式 3：4 ＝ 15：[20]

答え 20m

2 式 5：6 ＝ 45：[54]

答え 54枚

3 式 4：7 ＝ 28：[49]

答え 49kg

4 式 2：3 ＝ [50]：75

答え 50cm

P.58、59 比の問題③

☆ 8：5 ＝ 80：50

80 － 50 ＝ 30

答え 姉50cm, 妹30cm

1 7：4 ＝ 70：40

70 － 40 ＝ 30

答え 兄40m, 弟30m

2 9：5 ＝ 36：20

36 － 20 ＝ 16

答え A 20L, B 16L

3 12：7 ＝ 48：28

48 － 28 ＝ 20

答え A 28kg, B 20kg

P.60、61 比の問題 まとめ

1 式 2：3 ＝ 100：□

□ ＝ 3 × (100 ÷ 2)

＝ 3 × 50

＝ 150

答え 150円

2 式 3：4 ＝ 120：□

□ ＝ 4 × (120 ÷ 3)

＝ 4 × 40

＝ 160

答え 160円

3 式 5：4 ＝ 450：□

□ ＝ 4 × (450 ÷ 9)

＝ 4 × 90

＝ 360

答え 360冊

4 ① 式 2：5 ＝ □：150

□ ＝ 2 × (150 ÷ 5)

＝ 2 × 30

＝ 60   答え 60g

② 式　　2：5 ＝ 80：□

　　　　　□ ＝ 5 ×（80 ÷ 2 ）

　　　　　　 ＝ 5 × 40

　　　　　　 ＝ 200

答え　200g

5　式　　5年生　$96 \times \dfrac{7}{16} = \dfrac{\overset{6}{96} \times 7}{\underset{1}{16}} = 42$

　　　　　6年生　$96 \times \dfrac{9}{16} = \dfrac{\overset{6}{96} \times 9}{\underset{1}{16}} = 54$

答え　5年生　42人，6年生　54人

比例とは、一方の数が2倍3倍に
なると、他方の数も2倍3倍となる
関係のことです。
　P62☆は時間 x が2倍になると、
水の深さ y も2倍になります。

P．62、63　比例の問題①

☆　① 　20cm

　　② 　5倍

1　① 　15cm

　　② 　6分後

　　③

時間 x（分）	1	2	3	4	5	6	7	8	9	10
水の深さ y（cm）	3	6	9	12	15	18	21	24	27	30

2　① 　20g

　　② 　10g

　　③

長さ x（m）	1	2	3	4	5	6	7	8
重さ y（g）	?	20	30	40	50	60	70	80

3　① 　20g

　　② 　20倍

　　③

長さ x（m）	1	2	3	4	5	6	7	8
重さ y（g）	?	40	60	80	100	120	100	160

P．64、65　比例の問題②

☆　・時間は何倍　　20 ÷ 5 ＝ 4

　　・水の量も4倍　30 × 4 ＝ 120

答え　120 L

1　・ガソリンは何倍　12 ÷ 2 ＝ 6

　　・道のりも○倍　　30 × 6 ＝ 180

答え　180km

2　式　　20 ÷ 2 ＝ 10

　　　　　16 × 10 ＝ 160

答え　160g

3　式　　70 ÷ 10 ＝ 7

　　　　　15 × 7 ＝ 105

答え　105g

P．66、67　比例の問題③

☆　・画用紙は何倍　24 ÷ 3 ＝ 8

　　・値段も○倍　　80 × 8 ＝ 640

答え　640円

1　・代金は何倍　　400 ÷ 80 ＝ 5

　　・メモ帳も○倍　3 × 5 ＝ 15

答え　15冊

2　式　　24 ÷ 4 ＝ 6

　　　　　35 × 6 ＝ 210

答え　210km

3　式　　280 ÷ 35 ＝ 8

　　　　　4 × 8 ＝ 32

答え　32g

P．68、69　比例の問題④

☆　・1 mの重さ　21 ÷ 3 ＝ 7

　　・10mの重さ　7 × 10 ＝ 70

答え　70g

1 • 1dLの値段　180÷3＝60

　　• 8dLの値段　60×8＝480

　　　　　　　　　　答え　480円

2 式　　120÷4＝30

　　　　30×15＝450

　　　　　　　　　　答え　450円

3 式　　200÷5＝40

　　　　40×13＝520

　　　　　　　　　　答え　520g

P. 70、71　比例の問題⑤

☆　• 1mの重さ　　24÷3＝8

　　• 80gの長さ　　80÷8＝10

　　　　　　　　　　答え　10m

1 • 1mの重さ　　21÷3＝7

　　• 140gの重さ　140÷7＝20

　　　　　　　　　　答え　20m

2 式　　60÷2＝30

　　　　750÷30＝25

　　　　　　　　　　答え　25秒

3 式　　240÷4＝60

　　　　900÷60＝15

　　　　　　　　　　答え　15秒

P. 72、73　比例の問題 まとめ

1 ①　式　　48÷6＝8

　　　　　　　　　　答え　8g

　　②　式　　8×72＝576

　　　　　　　　　　答え　576g

　　③　式　　1392÷8＝174

　　　　　　　　　　答え　174本

2 ①

本数x（本）	0	1	50	100	150	200
重さy（g）	0	4	200	400	600	800

　　②　$4×x＝y$

　　③　式　　$4×77＝308$

　　　　　　　　　　答え　308g

　　④　式　　280÷4＝70

　　　　　　　　　　答え　70本

> 　　反比例とは、一方の数が2倍3倍になると、他方の数が$\frac{1}{2}$倍、$\frac{1}{3}$倍となる関係をいいます。
> 　　P74☆の図は、縦xが2倍になると、横yが$\frac{1}{2}$倍になることが分かります。

P. 74、75　反比例の問題①

☆

縦x (m)	1	2	3	4	5	6
横y (m)	6	3	2	1.5	1.2	1

1

縦x (m)	1	2	3	4	5	6	8	10	12
横y (m)	12	6	4	3	2.4	2	1.5	1.2	1

2

縦x (m)	1	2	4	5	8	10	16
横y (m)	16	8	4	3.2	2	1.6	1

3

縦x(m)	1	2	3	4	5	6	8	9	10	16	18
横y(m)	18	9	6	4.5	3.6	3	2.25	2	1.8	1.125	1

P. 76、77　反比例の問題②

☆　①　$x×y＝24$

　　②　式　　24÷4＝6

　　　　　　　　　　答え　6日

1 ①　$x×y＝30$

　　②　式　　30÷10＝3

　　　　　　　　　　答え　3人

　　③　式　　30÷5＝6

　　　　　　　　　　答え　6日

2　① $x \times y = 48$

　② 式　　$48 \div 4 = 12$

　　　　　　　　　　　答え　12時間

　③ 式　　$48 \div 6 = 8$

　　　　　　　　　　　答え　8台

3　① $x \times y = 60$

　② 式　　$60 \div 10 = 6$

　　　　　　　　　　　答え　6 m

　③ 式　　$60 \div 3 = 20$

　　　　　　　　　　　答え　20本

P．78、79　反比例の問題③

☆　式　　$4 \times 6 = 24$

　　　　　$24 \div 3 = 8$

　　　　　　　　　　　答え　8 cm

1　式　　$6 \times 6 = 36$

　　　　　$36 \div 9 = 4$

　　　　　　　　　　　答え　4 m

2　式　　$8 \times 3 \div 2 = 12$

　　　　　$12 \times 2 \div 6 = 4$

　　　　　　　　　　　答え　4 m

☆　式　　$150 \times 4 = 600$

　　　　　$600 \div 200 = 3$

　　　　　　　　　　　答え　3分

3　式　　$48 \times 2 = 96$

　　　　　$96 \div 32 = 3$

　　　　　　　　　　　答え　3時間

4　式　　$18 \times 30 = 540$

　　　　　$540 \div 12 = 45$

　　　　　　　　　　　答え　45秒

P．80、81　反比例の問題　まとめ

1　① $x \times y = 60$

　② 式　　$x \times 5 = 60$

　　　　　　$x = 60 \div 5$

　　　　　　　$= 12$

　　　　　　　　　　　答え　12cm

　③ 式　　$60 \div 10 = 6$

　　　　　　　　　　　答え　6 cm

2　① 式　　$200 \times 15 = 3000$

　　　　　　　　　　　答え　3000m

　② 式　　$3000 \div 300 = 10$

　　　　　　　　　　　答え　10分

　③ 式　　$3000 \div 20 = 150$

　　　　　　　　　答え　分速150m

　円の面積は「半径×半径×円周率」です。

　問題では円周率を3.14としているところと、3としているところがあります。問題をよく読んで考えましょう。

　円のほかにも三角形や四角形の面積を求めて解きます。

　これまでに習ったことを思い出して考えましょう。

P．82、83　円の面積①

☆　式　$10 \times 10 \times 3.14 = 314$

　　　　$5 \times 5 \times 3.14 = 78.5$

　　　　$314 - 78.5 = 235.5$

　　　　　　　　　答え　235.5cm²

1 式　　$20 \times 20 \times 3.14 = 1256$

　　　　$10 \times 10 \times 3.14 = 314$

　　　　$1256 - 314 = 942$

　　　　$942 \div 2 = 471$

答え　471cm²

2 式　　$12 \times 12 \times 3 = 432$

　　　　$6 \times 6 \times 3 = 108$

　　　　$432 - 108 = 324$

　　　　$324 \div 3 = 108$

答え　108m²

3 式　　$20 \times 20 \times 3 = 1200$

　　　　$10 \times 10 \times 3 = 300$

　　　　$1200 - 300 = 900$

　　　　$900 \div 5 = 180$

答え　180m²

P．84、85　円の面積②

☆　式　　$10 \times 10 \times 3 \div 2 = 150$

　　　　$10 \times 10 \times 2 = 200$

　　　　$150 + 200 = 350$

答え　350cm²

1 式　　$5 \times 5 \times 3 = 75$

　　　　$10 \times 10 = 100$

　　　　$75 + 100 = 175$

答え　175cm²

2 式　　$10 \times 10 \times 3 \div 2 = 150$

　　　　$20 \times 20 \div 2 = 200$

　　　　$150 + 200 = 350$

答え　350cm²

3 式　　$4 \times 4 \times 3 = 48$

　　　　$8 \times 8 = 64$

　　　　$48 + 64 = 112$

答え　112cm²

P．86、87　円の面積③

☆　式　　$10 \times 10 \times 3 \div 4 = 75$

　　　　$75 \times 3 = 225$

　　　　$10 \times 10 = 100$

　　　　$225 + 100 = 325$

答え　325cm²

1 式　　$8 \times 8 \times 3 \div 4 = 48$

　　　　$48 \times 6 = 288$

　　　　$8 \times 8 \times 2 = 128$

　　　　$288 + 128 = 416$

答え　416cm²

2 式　　$6 \times 6 \times 3 \div 4 = 27$

　　　　$27 \times 3 = 81$

　　　　$6 \times 6 \div 2 = 18$

　　　　$81 + 18 = 99$

答え　99cm²

3 式　　$10 \times 10 \times 3 \div 4 = 75$

　　　　$75 \times 6 = 450$

　　　　$10 \times 10 = 100$

　　　　$450 + 100 = 550$

答え　550cm²

P．88、89　円の面積 まとめ

1 解答例

① 式　　$8 \times 8 = 64$

答え　64cm²

② 式　　$4 \times 4 \times 3.14 = 50.24$

答え　50.24cm²

2 解答例

① 式　　$8 \times 8 = 64$

　　　　$4 \times 4 \times 3.14 = 50.24$

　　　　$64 - 50.24 = 13.76$

答え　13.76cm²

② 式　　$6 \times 6 \times 3.14 = 113.04$

　　　　　$4 \times 4 \times 3.14 = 50.24$

　　　　　$113.04 - 50.24 = 62.8$

　　　　　　　　答え　62.8cm²

③ 式　　$8 \times 8 \times 3.14 \div 4 = 50.24$

　　　　　$8 \times 8 \div 2 = 32$

　　　　　$50.24 - 32 = 18.24$

　　　　　$18.24 \times 8 = 145.92$

　　　　　　　　答え　145.92cm²

　一つ目の数や色を決めて、組み合わせを考えます。同じ組み合わせにならないよう気をつけます。表や図にして解いていきます。

P．90、91　場合の数①

☆　　123，132

　　　213，231

　　　312，321

　　　6通り

1　　ABC，ACB

　　BAC，BCA

　　CAB，CBA

　　6通り

2　　0123，0132

　　0213，0231

　　0312，0321

3　　ABCD，ABDC

　　ACBD，ACDB

　　ADBC，ADCB

P．92、93　場合の数②

☆

赤	黄	青
黄	赤	青
青	赤	黄

赤	青	黄
黄	青	赤
青	黄	赤

6通り

1

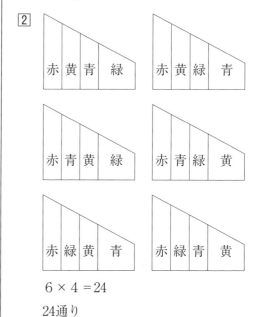

6通り

2

赤黄青緑　　赤黄緑青

赤青黄緑　　赤青緑黄

赤緑黄青　　赤緑青黄

$6 \times 4 = 24$

24通り

3

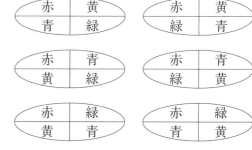

$6 \times 4 = 24$

24通り

P.94、95　場合の数③

☆　A対B　　A対C
　　A対D　　B対C
　　B対D　　C対D

　　6通り

1　り—み　　り—な
　　り—か　　り—バ
　　み—な　　み—か
　　み—バ　　な—か
　　な—バ　　か—バ

　　10通り

2　①+⑤=6　　⑤+⑩=15
　　①+⑩=11　⑤+㊿=55
　　①+㊿=51　⑩+㊿=60

　　6円, 11円, 51円, 15円, 55円, 60円

3　①+⑤=6　　⑤+㊿=55
　　①+⑩=11　⑤+(100)=105
　　①+㊿=51　⑩+㊿=60
　　①+(100)=101　⑩+(100)=110
　　⑤+⑩=15　㊿+(100)=150

　　6円, 11円, 51円, 101円, 15円,
　　55円, 105円, 60円, 110円, 150円

P.96、97　場合の数④

☆　Ⓐ-Ⓑ　Ⓐ-Ⓒ
　　Ⓐ-Ⓓ　Ⓑ-Ⓒ
　　Ⓑ-Ⓓ　Ⓒ-Ⓓ

　　6通り

1　り—う　り—や　り—し　り—ひ
　　う—や　う—し　う—ひ
　　や—し　や—ひ

し—ひ

10通り

2　①+⑤=6　①+⑩=11　①+㊿=51
　　⑤+⑩=15　⑤+㊿=55
　　⑩+㊿=60

3　①+⑤=6　①+⑩=11
　　①+㊿=51　①+(500)=501
　　⑤+⑩=15　⑤+㊿=55
　　⑤+(500)=505　⑩+㊿=60
　　⑩+(500)=510　㊿+(500)=550

P.98、99　場合の数 まとめ

1
り〈 か-み / み-か 〉　か〈 り-み / み-り 〉　み〈 り-か / か-り 〉

答え　6通り

2　解答例

$$1\begin{cases}2\begin{cases}3-4\\4-3\end{cases}\\3\begin{cases}2-4\\4-2\end{cases}\\4\begin{cases}2-3\\3-2\end{cases}\end{cases}\quad 2\begin{cases}1\begin{cases}3-4\\4-3\end{cases}\\3\begin{cases}1-4\\4-1\end{cases}\\4\begin{cases}1-3\\3-1\end{cases}\end{cases}$$

$$3\begin{cases}1\begin{cases}2-4\\4-2\end{cases}\\2\begin{cases}1-4\\4-1\end{cases}\\4\begin{cases}1-2\\2-1\end{cases}\end{cases}\quad 4\begin{cases}1\begin{cases}2-3\\3-2\end{cases}\\2\begin{cases}1-3\\3-1\end{cases}\\3\begin{cases}1-2\\2-1\end{cases}\end{cases}$$

答え　24通り

③ 解答例

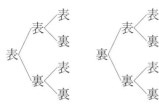

答え　8通り

④

100円 〈 50円, 10円, 5円 〉 — 50円 〈 10円 — 10円-5円, 5円 〉

答え　6通り

P. 100、101　分数と小数のかけ算・わり算

☆　式　$\dfrac{3}{5} \times \dfrac{7}{9} \times 0.6 = \dfrac{3}{5} \times \dfrac{7}{9} = \dfrac{6}{10}$

$= \dfrac{3 \times 7 \times 6}{5 \times 9 \times 10}$

$= \dfrac{7}{25}$

答え　$\dfrac{7}{25}$km²

① 式　$4\dfrac{1}{2} \times 5\dfrac{1}{9} \times 0.4 = \dfrac{9}{2} \times \dfrac{46}{9} \times \dfrac{4}{10}$

$= \dfrac{9 \times 46 \times 4}{2 \times 9 \times 10}$

$= \dfrac{46}{5} = 9\dfrac{1}{5}$

答え　$9\dfrac{1}{5}$m²

☆　式　$10\dfrac{1}{2} \div 4.5 \times \dfrac{4}{9} = \dfrac{21}{2} \div \dfrac{45}{10} \times \dfrac{4}{9}$

$= \dfrac{21 \times 10 \times 4}{2 \times 45 \times 9}$

$= \dfrac{28}{27} = 1\dfrac{1}{27}$

答え　$1\dfrac{1}{27}$時間

① 式　$3\dfrac{1}{3} \div 2.4 \times \dfrac{4}{5} = \dfrac{10}{3} \div \dfrac{24}{10} \times \dfrac{4}{5}$

$= \dfrac{10 \times 10 \times 4}{3 \times 24 \times 5}$

$= \dfrac{10}{9} = 1\dfrac{1}{9}$

答え　$1\dfrac{1}{9}$m²

P. 102、103　資料の整理①

① ① 式　$25 + 12 + 28 + 26 + 25 + 27$

$+ 23 + 30 + 27 + 27 = 250$

$250 \div 10 = 25$

答え　25m

② 式　$32 + 23 + 25 + 16 + 19 + 30$

$+ 15 + 32 + 32 + 25 = 249$

$249 \div 10 = 24.9$

答え　24.9m

③ 式　$24 + 30 + 20 + 28 + 22 + 24$

$+ 26 + 19 + 27 + 23 = 243$

$243 \div 10 = 24.3$

答え　24.3m

② ①

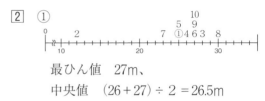

最ひん値　27m、
中央値　$(26 + 27) \div 2 = 26.5$m

②

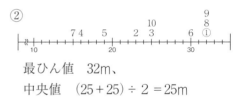

最ひん値　32m、
中央値　$(25 + 25) \div 2 = 25$m

③

最ひん値　24m、
中央値　$(24 + 24) \div 2 = 24$m

P. 104、105　資料の整理②

①

きょり	1組	2組	3組
10〜15	1	0	0
15〜20	0	3	1
20〜25	1	1	5
25〜30	7	2	3
30〜35	1	4	1
合計	10	10	10

2 ①
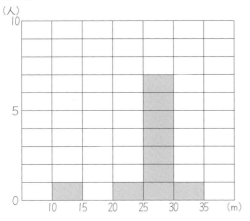

②
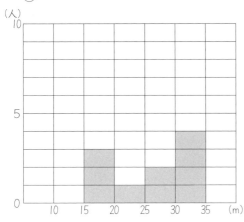

P．106、107　資料の整理③

1 ①
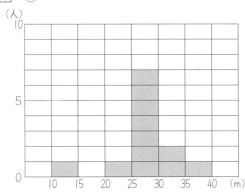

②　30m以上～35m未満

③　20m以上～25m未満

2 ①
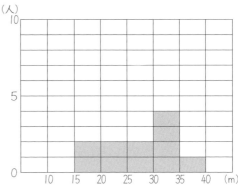

②　25m以上～30m未満

③　20m以上～25m未満

④　30m以上～35m未満

P．108、109　拡大と縮小①

1 ①　　　＝25（mm）：$\boxed{25000}$（mm）

　　　　＝1：$\boxed{1000}$

　　　　　　　　　　答え　1：1000

②　10（mm）×$\boxed{1000}$＝$\boxed{100000}$（mm）

　　　　　　　　＝$\boxed{10}$（m）

　　　　　　　　　　答え　10m

2 ①　　　＝$\boxed{2}$：$\boxed{200000}$

　　　　＝1：$\boxed{100000}$

　　　　　　　　　　答え　1：100000

②　2÷2＝1

　　　　　　　　　　答え　1km

3 式　　500000×$\frac{1}{50000}$＝10

　　　　　　　　　　答え　10cm

4 式　　4÷$\frac{1}{10000}$＝40000（cm）

　　　　　　　＝400（m）

　　　　　　　　　　答え　400m

5 式　　1÷$\frac{1}{3000000}$＝3000000（cm）

　　　　　　　＝30000（m）

　　　　　　　　　　答え　30000m

P．110、111　拡大と縮小②

1　式　　200m＝20000cm

$$4 \div 20000 = \frac{1}{5000}$$

答え　$\dfrac{1}{5000}$

2　式　　500m＝50000cm

$$5 \div 50000 = \frac{1}{10000}$$

答え　$\dfrac{1}{10000}$

3　式　　3km＝300000cm

$$3 \div 300000 = \frac{1}{100000}$$

答え　$\dfrac{1}{100000}$

4　① 式　　$1 \div \dfrac{1}{50000} = 50000 (\text{cm})$

$= 500 (\text{m}) \leftarrow 1\text{cmの長さ}$

$(4 + 3) \times 2 = 14$

$500 \times 14 = 7000 (\text{m})$

$= 7 (\text{km})$

答え　7km

② 式　縦　$500 \times 4 = 2000 (\text{m})$

$= 2 (\text{km})$

横　$500 \times 3 = 1500 (\text{m})$

$= 1.5 (\text{km})$

$2 \times 1.5 = 3$

答え　3km²